U0870309

未来的你，会感谢现在敢闯的自己

海波 / 编著

中国纺织出版社

内 容 提 要

世界上任何伟大的事业，都来源于伟大的想法和坚持到底的行动，而这一切，都需要勇气的支撑，敢想敢闯，并且努力、再努力，才能成就人生，收获快乐。

本书写给那些对人生感到迷茫的人们，可以给人力量、促人奋斗。书中告诉我们，成功在于自己，我们只有发现自己，战胜自己，经营自己与众不同的人生，才不会辜负生命的意义，才能成就辉煌的人生。

图书在版编目（CIP）数据

未来的你，会感谢现在敢闯的自己／海波编著.--北京：中国纺织出版社，2017.12
ISBN 978-7-5180-4511-2

Ⅰ.①未… Ⅱ.①海… Ⅲ.①成功心理—通俗读物
Ⅳ.①B848.4-49

中国版本图书馆CIP数据核字（2017）第318979号

责任编辑：闫 星　　特约编辑：李 杨　　责任印制：储志伟

中国纺织出版社出版发行
地址：北京市朝阳区百子湾东里A407号楼　邮政编码：100124
销售电话：010—67004422　传真：010—87155801
http：//www.c-textilep.com
E-mail：faxing@c-textilep.com
中国纺织出版社天猫旗舰店
官方微博http：//weibo.com/2119887771
三河市延风印装有限公司印刷　各地新华书店经销
2017年12月第1版第1次印刷
开本：710×1000　1/16　印张：13
字数：215千字　定价：36.80元

凡购本书，如有缺页、倒页、脱页，由本社图书营销中心调换

前言

在生活中，我们每个人对于未来都有自己的理想，然而，在互相影响的社会丛林下，不少人逐渐失去个性，变得人云亦云、得过且过，最终让自己的人生毫无生气，自己也碌碌无为。

的确，我们发现，有不少人尤其是年轻人，从童年、少年到青年，从读书到工作，总是按照父母长辈们规划的道路去走，他们不敢有自己的想法，也习惯了听从别人的意见，在别人眼里，也许他们是成功的，他们工作稳定、有房有车、家有妻儿，一切行进得很平稳顺利。然而，每当独处时，他们总感到十分落寞、怅然若失，似乎自己的生命里缺少了些什么。

也有一些人，他们的生活和境遇是完全不同的，他们认为，即便没有什么财富，也不能失去自己热衷的事业，每当他们沉浸在做自己爱好的事情中时，便能忘记全世界。即便他们没车没房，也没有令人羡慕的高学历、高收入，但是他们生活和工作得十分充实和快乐。

那么，你想做哪种人，更想拥有哪种生活呢？很明显是第二种，因为他们活得充实，他们为梦想拼搏，他们每天都在进步。不得不说，我们所生活的世界日新月异、瞬息万变，或者现在的你是成功的，但随着时间的流逝，当大家都在进取时，你却停滞不前，你就落后了，如果你意识到这种落后的存在却又不愿意奋起直追，那么就只能过这种平淡乏味的生活了。

其实，在每一个人的心中，都有梦想，但如果你总是畏首畏尾、只幻想而不付诸实践的话，那么，你只能在一片幻想的迷途中越陷越深。因为成功与胆量有着莫大的关系，有胆量的人才有资格拥有成功。那些在取得了一点成就后就安于现状、求稳的人，最终只能陷于平庸，有胆量、敢于破釜沉舟的人，才会置之死地而后生，实现新的突破。

生活中的人们，可能现在的你衣食无忧，可能你还有某些特长，可能你会有个灿烂的未来，但你不能就此停滞不前，激烈的竞争要求你不断进步，而求知与不满足是进步的第一必需品。生命有限，维系成功的唯一法门在于不断地努力，在新的方向不断探寻、适应以及成长，这样，你将步入新的高度。

那么现在，你是否觉得急需一个导师来重新规划自己的人生？本书就是一本给人力量、促人奋斗的心灵导师。本书犹如一位智者娓娓道来，帮助你在纷繁复杂的社会中找到自己的位置、唤醒自己的梦想，更是你在为梦想奋斗过程中的精神导师，帮你排除疑惑，找到人生努力的方向和动力，读完本书，你会获得力量，会找到奋斗的方向，最终驾驭自己的人生，实现自己的人生价值！

目录

第1章 先人一步，行动的先驱是思想的远行

美国线上前首席执行官詹姆斯·金姆塞曾说过：“勤于动脑，敢于创新的人，才能争取主动。”的确，任何一个成功者，无不是借助思维的力量达成目标、完成梦想，同样，在处理事情的过程中，也没有绝对解决不了的难题。而有的人之所以陷入僵局，只是因为按部就班，没有创新思维。因此，我们要明白，行动的先驱是无限的思维，在追求梦想的路上，我们唯有开放思维，才能先人一步实现目标。

思考能够拯救一个人的命运

人们不是没有好的机会，而是没有好的想法。成大事者善于发现问题，努力寻求解决问题的方法，甚至让问题成为改变自己命运的机遇。

我们在日常生活中经常会看到，有的人头脑灵活、机敏、迅捷，有的人则比较僵化、呆板、迟钝；有的人思维活跃，新点子、新念头源源不断，一生中做出了许多创造发明，有的人则一生默默无闻，只会按常规想问题、做事情。这反映出不同的人在思维能力上的差别。

拿破仑·希尔说："思考能够拯救一个人的命运。"事实正是如此，有思考力的人才会有创造力，才能主动掌控自己的命运。平庸的人往往不是不努力，而是不动脑子，这种坏习惯制约了他们走向成功的可能；相反，那些最终能成大事者基本都在此前养成了勤于思考的习惯，他们善于发现问题，努力地寻求解决问题的方法，甚至让问题成为改变自己命运的机遇。

1986年，日本一个18岁的少年继承了父亲的制面事业。他的父亲病重无法工作，少年开始独立维持家计，养活6个弟弟3个妹妹及双亲。

他不但制面，还要负责卖面。20岁时，他爱上了一个女孩，女孩的父亲不愿意女儿嫁给制面的少年。于是，他改行从事珍珠买卖，并不断追求新的专业知识。一位大学教授告诉他一项未经证实的理论："珍珠的形成，是异物进入珍珠贝，如砂粒，珍珠贝才会分泌珍珠的成分，将异物包裹起来，形成珍珠。"少年听了大喜过望。他想："如果我将异物植入珍珠贝体内，就会有人工饲养的珍珠出产了。"经过无数次实验，他终于成功了。他的人工养珠事业，使他成为日本知名的大企业家。

要改变命运，先改变思维方式。人们不是没有好的机会，而是没有好的想法。思维影响和决定着人们的精神和素质。在相同的客观条件下，由于人的思维不同，主观能动性的发挥就不同，各种行为也就不同。有的人因为具备超前的思维方式，虽然一穷二白，却能白手起家，出人头地；有的人即使坐拥金山，但由于思维落后，导致家道中落，最后穷困终身。

一个人能否成功，在很大程度上是看他的思维方法是否正确。在人类的发展史上，留下了许多成功者充满睿智和创新的思维故事，对此进行认真体会与品味，对于开启我们的智力、训练我们的思维具有极其重要的意义。

田中正一住在日本东京的一条小巷子里，他没有职业且穷困潦倒，可他整天将自己关在家里，研制一种"铁酸盐磁铁"。邻居们都认为他是一个怪人。当时他的确患了病，是一种名叫神经痛的毛病，他到很多家医院看过，却怎么也治不好。由于他正在研制"铁酸盐磁铁"，每个星期四他都要带着许多研制中的磁石，到大井都工业试验所去测试。时间一长，他发现了一个奇怪的现象：每逢星期四，他的神经痛就能得到缓解。

田中正一是一个探究心很强的人，他为此感到十分好奇，于是就找来一块橡皮膏，在上面均匀地粘上5粒小磁石，然后把黏着小磁石的橡皮膏贴在自己手腕上。很快，他发现这玩意儿对治疗神经痛很有效果，于是就立即申请了专利。田中正一认为，将磁石的南、北极交错排列，让磁力线作用于人体，由于人体内有纵横交错的血管，当血液流过磁场时，就会感生出微电流，这种电流有治病强身的效果。

取得专利权后，田中正一制造出四周镶有6粒小磁石的磁疗带，推向市场。这种新产品上市后，果然不同凡响，在日本出现了人人争购的现象。在销售最好的时候，仅一周，销售额就达两亿日元。就这样，转眼之间，田中正一从一个穷困潦倒的穷人变成了大富翁！

思考是导航的路标，指引人类走向智慧的彼岸，也指引人类向更先进、更美好的世界进发，没有思考，人类就会停止发展的脚步。思考是我们提高生命质量、升华生命意义的大智慧。诺贝尔奖获得者、英国物理学家约瑟夫·汤姆森和欧内斯特·卢瑟福一共培养出了17位诺贝尔奖获得者，这些天才们无一例外地深刻领悟到思考如何改变了自己的人生轨迹，为自己赢得辉煌的人生。

很多人穷其一生都在受苦受累，究其原因，很重要的一点便是没有发挥大脑的巨大潜能，让头脑在庸庸碌碌中越来越迟钝。因为缺少思考，学业上无法上进；因为缺少思考，事业上屡战屡败；因为缺少思考，心态上更容易陷入消极的不良境地，无法自拔。思维方式在很大程度上决定着一个人的行为，决定着一个人学习、工作和处世的态度。可以说，思维方式决定着一个人的前途和命运。

成功的本质是思路的成功

成功的首要因素就是正确的思路。新思路带来新方法，新方法带来新机遇，新机遇带来新成果。成功就这样一次次和有新思维的人不期而遇。成功的因素很多，有人总结了一下，思维、学历、智商、文化水准、资金、技术、性格、口才、环境、社会关系、机遇等，甚至连年龄、爱好、性别、外貌都可以成为成功的因素。但在众多成功因素中起决定性作用的是思路，一切成功都是因为有一个正确的思路，即有一个好的思维方式才实现的。古今中外，概莫能外。

有人认为，在知识经济时代，只有高学历、高智商或身怀某种特殊技能的人才能获得成功。其实，这种想法是错误的。诚然，高学历、高智商和特殊技能是促进成功的重要因素，但起关键作用的还是人的思路。否则就无法解释，自从我国改革开放以来，一些只有小学、初中文化，也没什么特殊技能的人，是如何在短短的一二十年中发迹、把事业做大的。那些演艺明星、社会名流、商业巨子为什么能够实现自己的人生价值，并能取得大大小小的成功？答案就是他们有独特的思考技巧。

世界著名的成功学大师拿破仑·希尔著有一本名为《思考致富》的书，这本书一经出版便风靡全球，深受广大读者的喜爱。究其原因，是因为它深刻地揭示了如何运用我们的大脑去实现成功的黄金法则，并提出任何人要想取得成功，就必须要运用我们的头脑去思考。而追究希尔写《思考致富》的原因，与他经历过的一件小事不无关系。

古往今来，许多成功者既不是那些最勤奋的人，也不是那些知识最渊博的人，而是一些善于思考的人。牛顿说："如果说我对世界有些微贡献的话，那不是由于别的，而只是由于我辛勤耐久的思索所致。"所以，从这个意义上说，人的成就是在正确思考后，并采取行动取得的。

一个人如果不善于开拓思维，不敢于创新，可以肯定，不管他学识多么渊博，也不管他如何刻苦勤奋，他都不可能有什么大的成就。唯有那些眼光敏锐、思维活跃、具有独立性和创新精神的人，才有可能获得真正的成功。

有人曾经问过一位事业上颇有建树的企业家，成功的秘诀是什么。他回答说："成功说到底是看你如何想，如何来设计人生道路的，也就是一个做人的思路问题。人活在世界上不是做强者就是做弱者。你想做强者，就会为自己找一万个方法来改变、激励自己，勇往直前；你想做弱者，就会为自己找一万个不成功的理由，使自己沉沦下去。除此之外，我不知道还有什么成功秘诀。"可见，成功的首要因素就看你有没有一个人生发展的正确思路。

现在，越来越多的教育家、人才学家认为，一个人的才能除了取决于知识、技能外，往往还有赖于他的思维能力。实际上，在人们处理问题的过程中，思维能力的重要性绝不亚于知识和记忆力。每一个成功的人，都能意识到：思考是打开成功大门的钥匙，都会让自己养成思考的好习惯。对待知识和经验应防止习惯和教条，给创造在头脑中留一片思考的空间。在顺境中多思考，我们才能保持清醒的头脑、稳健前进的脚步；在逆境中多思考，我们才会找到失败的症结，踏上通往成功的道路。

有什么样的想象力，就有什么层次的创新

每个新现象的发生，都离不开最初的“想法”。想到的未必都能做到，但做到的却首先要想到，有什么样的想象力，就有什么层次的创新。

中国一位传奇的民营企业家有句名言：“没有做不到的，只有想不到的。”可见，我们思考方法的匮乏是成功的一大障碍。只要养成善于思考的习惯，就能常常获得意想不到的效果。在我们的日常生活中，“不怕做不到，就怕想不到”。每个新产品的发明，每个新论点的提出，都离不开最初的“想法”。这个想法，也就是思考。莱特兄弟梦想能够飞起来，于是他们发明了飞机；达尔文一心沉浸在他的生物研究

中，最终提出了震惊世界的进化论……所有的计划、目标或者成就，都是思考的产物。根据需要进行联想思维，通过对大脑已存信息的检索，提取出有用信息，这是妙用联想进行创造的主要途径。人们的创造发明许多都是基于联想思维的作用。伟大的科学家爱因斯坦一生从事科学研究，做出了划时代的贡献。但他小时候并不聪明，不过他有着丰富的想象力。在他16岁的时候，他就想象："假如我骑在一条光线上，追上了另一条光线，那将看到什么现象？"对这个似乎荒诞不经的问题，他用了10年时间苦心钻研，终于创立了举世瞩目的相对论。毫无疑问，想象力在爱因斯坦的科学研究中发挥着重要的作用。

杰出的原子核物理学家卢瑟福曾说过："出色的科学家总是善于想象的。"爱因斯坦也把想象力当作一种可贵的智能，他认为："想象力比知识更重要，因为知识是有限的，而想象力概括着世界上的一切，它推动着进步，并且是知识进化的源泉。"

想象是人的一种思维活动。人的大脑皮层由150亿个神经细胞组成，这些细胞又分成若干部分，各司其职。人的思维能力也因此相应地分成感受力、记忆力、判断力和想象力四种。所谓想象，就是由保存在记忆中的表象出发，把这些表象进行加工、改造，使其产生新思想、新方案和新办法，从而创造出新形象的思维过程。想象力能提高创新的层次，因为它不受已有事实的局限，也不受逻辑思维的束缚，所以想象能为你拓宽创新的视野。想到的未必都能做到，但做到的却首先要想到，有什么样的想象力，就有什么层次的创新。

1972年12月23日，尼加拉瓜共和国首都马那瓜发生了大地震，一座现代化城市顷刻间变成了一片瓦砾，死亡万余人。

令人惊奇的是，在震中区511个街区被震毁的房屋废墟中，唯独18层的美洲银行大厦安然屹立，而就在大厦前面的街道地面，却呈现上下达1/2英寸的错位，如此奇迹，轰动了全球。

那么，奇迹的创造者究竟是谁呢？他就是著名的工程结构专家、美籍华人林同炎。他设计的美洲银行大厦，设计时未把思考的重点放在传统的正面思维上，因为放在正面不能彻底解决防震问题，而是采取相对联想的思维方式。他采用框筒结构，这种结构和一般结构不同，具有刚柔相济的特点：在一般负荷情况下，建筑物有足够的刚度来承受外力；而当受到突如其来的强烈的外力作用时，可由房屋内部结构中某些次要构件的开裂，使房屋总刚度骤然减弱，从而大大增强对地震的承受力。这种以建筑物次要构件开裂的损失来避免建筑物倒塌的设计构想，突破了以刚对刚的正面思维模式，从对立面展开联想创新，创造了世界上少有的奇迹。

德国学者莱辛说："缺乏幻想的学者，只能是一个好的流动图书馆和活的参考书，他只会掌握知识，但不会创造。"想象作为形象思维的一种基本方法，不仅能构想出未曾知觉过的形象，还能创造出未曾存在的事物形象，因此是任何创新活动都不可或缺的基本要素。没有想象力，一般思维就难以升华为创新思维，也就不可能做出创新。

实践经验告诉我们：一切创新活动都离不开想象的先导作用，想象是人类思维得以充分展开的自由翅膀。运用想象进行创造性工作，已是人们自觉或不自觉的意识，充分强化和挖掘想象在创新活动中的功能，已是当今人们进行创造性劳动的重要途径之一。

成功的人总是带着问题生存

成功的人总是带着问题生存，强烈的问题意识是思维的动力，它能促使人们去发现问题、解决问题，直至做出创新。在工作中，要战胜困难，达到理想的效果，深思熟虑是不可缺少的条件。在科学、艺术创造中，在规划方案、产品设计、经营运筹中，在理论体系的构筑中，思考具有不可替代的功能。可以说，世界上一切革新、发明、创造，都是思考的产物。

不少心理学家甚至认为，科学上很多重大进展与发明创造，与其说是问题的解决者促成的，不如说是问题的寻求者促进的。比如，两千多年前，伟大的诗人屈原曾面对长空，发出著名的《天问》，他问天、问地、问人情伦理、问世道沧桑、问四季变化，这些问题后来都成了科学家、哲学家们思考研究的课题，唐代的柳宗元为此专门作了一篇《天对》予以回答。

科学发展到今天，我们对屈原提出的问题可以做出比柳宗元当年准确得多的回答，但《天问》留给我们的思考已远远超出了问题的本身。

巴尔扎克说："打开一切科学的钥匙都毫无异议是问号。" 在剑桥大学，维特根斯坦是大哲学家穆尔的学生。有一天，大哲学家罗素问穆尔："谁是你最好的学生？"穆尔毫不犹豫地回答："维特根斯坦。"

"为什么？""因为，在我的所有学生中，只有他一个人在听我的课时，老是流露出迷茫的神色，老是有一大堆问题。"后来维特根斯坦的名气超过了罗素。有一次，有人问维特根斯坦："罗素为什么落伍了？"他回答说："因为他没有问题了。"

正如苏格拉底所言，问题是接生婆，它能帮助新思想的诞生。心理学研究表明，意识到问题的存在是思维的起点，没有问题的思维是肤浅的思维，当个体活动感到自己需要问"为什么""是什么""怎么办"时，思维才算是真正发动了，否则，思维很难展开和深入。

犹太人虽然非常重视知识的积累，但更加重视问题意识的培养。他们把仅有知识而没有才能的人比喻为"背着许多书本的驴子"。他们认为，学习应该以思考为基础。而思考是由一连串的问题组成的，学习便是经常怀疑，随时发问。问题是智慧的大门，知道得越多，问题就越多。因此，强烈的问题意识是思维的动力，它能促使人们去发现问题，解决问题，直至做出创新。亚里士多德曾说过："思维是从疑问和惊奇开始的。"有了问题才会思考，有了思考才有解决问题的方法，才能做出创新。

著名的数学家希尔伯特也是一个善于提出问题的人。在1900年第二届国际数学家大会上，他作了题为《数学的问题》的报告，一举提出了当时数学中的23个重大问题。这些问题，后来被称为“希尔伯特问题”。它们的提出，有力地促进了数学的发展。为此，希尔伯特总结道：“只要一门科学分支能凝结出大量的问题，它就充满着生命力，而问题缺乏，则预示着它独立发展的衰亡或中止。”

爱因斯坦说，“提出一个问题往往比解决一个问题更重要，因为解决一个问题也许仅是一个数学上或实验上的技能而已。而提出新的问题、新的可能性，从新的角度看旧问题，却需要有创造性的想象力，而且标志着科学的真正进步。”培根也说过：“如果你从肯定开始，必将以问题告终；如果从问题开始，则将以肯定结束。”

心理学实验证明：人脑每思考一个问题，就会在大脑皮层上留下一个兴奋点，思考的问题越多，留下的兴奋点也就越多。然后这许许多多的兴奋点就会形成一个类似于网络的东西，每当你遇到新问题时，只要触动一点，就会牵动整个网络进行相关搜索，以此来解决问题。

所以，唯有多思考，才能使脑细胞的细微结构发生变化，才能在大脑皮层中形成更多的兴奋点，才能使大脑对信息的储存、提取和控制能力有所加强，从而使大脑更加灵活、敏捷，反应更快。

一个养成思考习惯的人，往往不会满足于现状，不会因循守旧，他们遇到问题时，会多问一些“是什么”“为什么”，因为他习惯了思考、观察，敢于突破条条框框的束缚，寻求新的思路，这样才能提升自我。成功的人就像成功的企业一样，他总是带着问题而生存。“我怎么才能改进我的表现呢？我如何做得更好？”做任何事情总有改进的余

第2章 有思路有出路，敢于不做大多数

思路拓展出路，思维左右命运。平庸的人只知道“埋头拉车”，而成功的人却能“低头去想”，为事情的解决想出最好的方法。年轻人要想在事业上取得一定的成就，就必须抛弃一些老想法、老套路，换一条思路；其次，年轻人需要经常更新自己的思想，因为思想无止境，也没有完美。只要你敢想，让思维的高度决定你人生的高度，成功唾手可得！

精彩的想法成就精彩的人生

“物竞天择，适者生存”，这是一个永不改变的真理，当今社会瞬息万变，二十几岁的年轻人是否能拥有别样的人生，是否能成为走在时代前端的“弄潮儿”，就在于他是否能打破世俗思维的枷锁，走出自己的一条路，因为按图索骥画不出精彩人生。

二十几岁正值人生的花样年华，也是思维最活跃的年纪，年轻人不该少年老成，更不该墨守成规，毫无朝气。

思维有一定的技巧性，思考每个人都会，可是为什么对于同一件事每个人的思考结果却大相径庭，这就是思维技巧的不同。很多人总是固守常规思维，可是这种思维完全解决不了问题，这时候，聪明的人就应该适时地转换思考方式，另辟蹊径。

思维的改变往往会带来与众不同的结果，这远比固守常规思维，固执己见钻死胡同的状况要好得多。而很多年轻人，总是把想法停留在一个点上，而忽略了其他的点。他认为这是前人走过的路、做过的事，既然成功了，就是正确的，殊不知，世界在变，生活在变，思维也应该跟着变。固然，前人的方法可能行得通，但万一行不通呢？固执己见只能让年轻人陷入思维的死胡同里，找不到出路。而很多时候，只要转换一下思维，事情的解决就变得轻松自如。

朝气蓬勃的年轻朋友们，要让你们的思维和你们的年龄一样富有朝气，不要按图索骥，要打破常规。思想是行动的领导者，精彩人生因为有精彩的想法！

想要得到渴望的东西，就必须付出努力

有句古语，“欲取之必先与之”，这句话的意思是，人们永远不要指望不劳而获，想要得到渴望的东西，就必须付出努力。对于年轻人来说，天上掉馅饼的想法更不能有，一个二十几岁的年轻人要想改变自己的生活和命运，就必须积极进取，而不是把希望寄托在天赐良机上。二十几岁正是奋斗的年龄，爱默生说：“凡事欲其成功，必要付出代价，这个代价就是奋斗。”

只有努力奋斗，才能改变自己的命运，任何投机取巧或者捷径都不是一条正确的路。思想决定了一个人的人生和命运，只有积极进取，从改变自身开始，年轻人的人生之路才能走得宽敞。“没有一次争取是一劳永逸地完成的，争取是一种每天重复不断的行动，要一天又一天地坚持，不然就会消失。”哪个成功人士的背后没有一段心酸

的奋斗史？“长风破浪会有时，直挂云帆济沧海。”年轻人要记住这句话，不是所有人都能得到上帝的垂青，不是所有人都是命运的幸运儿。年轻人就应该奋斗。

当然，奋斗的道路是艰难的，也许有人奋斗了一生，并未能如愿以偿。就像攀登喜马拉雅山，有的人快要到了顶峰，却被无情的雪崩所淹没，可是，这并不能磨灭他们奋斗的足迹，生命不息，奋斗不止。虽然，付出可能没有回报，但是不付出就绝对没有回报，这是一个不变的真理。

童第周出生在浙江省鄞县的一个偏僻的小山村里。由于家境贫困，小时候一直跟父亲学习文化知识，直到17岁才迈入学校的大门。

读中学时，由于他基础差，学习十分吃力，第一学期末平均成绩才45分。学校令其退学或留级。在他的再三恳求下，校方同意他跟班试读一学期。

此后，他就与路灯“常相伴”：天蒙蒙亮，他在路灯下读外语；晚上熄灯后，他在路灯下自修复习。功夫不负有心人，期末，他的平均成绩达到70多分，几何还得了100 分。这件事让他悟出了一个道理：别人能办到的事，我经过努力也能办到，世上没有天才，天才是用劳动换来的。之后，这句话就成了他的座右铭。

大学毕业后他去比利时留学。在国外学习期间，童第周刻苦钻研，勤奋好学，得到了老师的好评。获得博士学位后，他回到了灾难深重的祖国，在极为困难的条件下进行科学研究工作。

没有电灯，他们就在阴暗的院子里利用天然光在显微镜下从事切割和分离卵子工作；没有培养胚胎的玻璃器皿，就用粗陶瓷酒杯代替，所用的显微解剖器只是一根自己拉的极细的玻璃丝；实验用的材料——蛙卵都是自己从野外采集来的。就在这简陋的“实验室”里，童第周和他的同事们完成了若干篇有关金鱼卵子发育能力和蛙胚纤毛运动机理分析的论文。

新中国成立后，童第周在担任山东大学副校长的同时，研究了在生物进化中占重要地位的文昌鱼卵子发育规律，取得了很大成绩。

到了晚年，他和美国坦普恩大学牛满江教授合作研究细胞核和细胞质的相互关系，他们从鲫鱼的卵子细胞质内提取一种核酸，注射到金鱼的受精卵中，结果出现了一种既有金鱼性状又有鲫鱼性状的子代，这种金鱼的尾鳍由双尾变成了单尾。这种创造性的成绩居于世界先进行列。

“没有一番寒彻骨，哪得梅花扑鼻香。”任何目标的实现都要经过磨砺，只有积极进取才能离自己的目标越来越近。生命的意义就在于不断进取，不断攀登成功的一个个高峰。

“烈士暮年，壮心不已”， 这就是一种积极进取的精神，人入老年，尚能如此，年轻人就更应该激起奋斗的勇气，改变命运从改变自己的思想开始，不要等待着上帝的恩赐，踏踏实实地走稳今天的路，换取明天丰硕的果实！

打破不可能的常规，才有可能改变“不可能”

年轻人应该做的就是拥有激情，拥有热情，战胜无数个不可能。不大可能的事也许今天会实现，根本不可能的事也许明天会实现。一位成功人士也说：“只要有无限的热情，几乎没有一样事情不可能成功。”对于二十几岁的年轻人，要勇于突破那个经常被人们提及的“不可能”，思想是一切行动的前提，不要总是对自己没有信心，不要总是对自己说“不可能”。因为一个“不可能”，年轻人失去了奋斗的信心；因为一个“不可能”，年轻人不敢放手去拼。

年轻是资本，即使跌倒了，还可以爬起来，什么都可以重新再来，有挫折才会有成长，可是社会中有很多这样的二十几岁的年轻人，对什么都不感兴趣，觉得什么事都充满了困难，消极厌世，在工作中，不主动接受“不可能完成”的工作，当一件看似“不可能完成”的工作摆在他们眼前时，就抱着唯恐避之不及的态度。结果可想而知，那就是终其一生，也只能是平庸。而相反的是，勇于向“不可能”的工作挑战的年轻人，才能有所作为，才能发挥自己的人生价值。

这个世界什么事情都不是固定不变的，不大可能的事也许今天会实现，根本不可能的事也许明天会实现。今天的不可能并不代表永远的不可能，固守不可能的思想，年轻人就会禁锢自己的手脚，更不会有所突破。打破不可能的常规，才有可能改变“不可能”。积极的人在每一次忧患中都看到一个机会，而消极的人则在每个机会中都看到某种忧患。当然这种不可能的实现还需要付出实践，空想的歌曲唱得再响亮也不动听，因为缺了实践这个旋律。

二十几岁正是一个人应该奋斗和发挥自己长处的时候，一个人最大的成功不在于眼前的成功，而在于有伟大的思想，在于不断超越自己，在于突破一个个不可能。所以，年轻人，不要再消极了，去勇敢追逐自己那“不可能”的梦吧！别让青春荒废，别再给自己找借口，尝试改变吧！

高瞻远瞩，登高望远

只有登上山顶，才能“一览众山小”，眼前美景才能尽收眼底；井底之蛙的悲哀就是因为“井”的束缚，这就是站得高看得远的道理。这些道理每个年轻人都懂，所以，年轻人要有远见卓识，让思维的高度决定人生的高度。

“没有做不到，只有想不到”，这句话乍一听很偏激，可也不是没有道理，古今中外多少成功人士因为超人的思维技巧，白手起家，一步步走到成功。智商每个人都有，可是智慧并不是每个人都有，智者与一般人不同的是，他能多看几步，他能看见沙漠中的绿洲、皑皑白雪后的普照阳光，他能化腐朽为神奇，将不可能转化为现实。

现实生活中的年轻人，不要总是让自己泊在不可能的海岸线上，不妨把自己的目标设立得远大些，然后拓展自己的思维，凡事多想几步，思维技巧往往是一个人成功的内在核心，不竭的智慧是让人进步的智囊。站得高，方能看得远，思维方式决定了行动的目标，往往很多人摩肩接踵还无法争取的，只要动一下脑子，就能解决。

所以，年轻人要善于用长远的眼光看问题，不要宁肯消耗自己巨大的精力而不愿开动脑筋，多想一点，让自己年轻的生命闪烁智慧的光芒！

换一种思维方式，就会获得不同的成效

高山之巅是每个登山者的目的地，但很多时候，这些登山者执迷于一条常规的登山之道，曲折的山道会让登山者迷路，可是固执的登山者始终坚持那条常规的登山道，结果忽略了一路的风景。假如另辟蹊径的话，登山者看到的就是另一番风景。这就是说，善于打破常规思维，换一种思维方式，就会获得不同的成效。

对于每一个二十几岁的年轻人来说，谁都希望自己在人生的路上少走一些弯路。可是，世间万物千奇百怪、变化莫测，现代社会更是瞬息万变，人生之路走得是否顺畅，这就要看年轻人是否能打破单一的思维方式，从另一个角度去思考问题。倘若如此，一切就会豁然

开朗。

年轻人怀揣满腔抱负，希望可以有所成就。可是，总有很多年轻人狭隘地认为，成功靠的是努力，努力就有收获，诚然，一个人的成功要靠努力，可是不用大脑的努力是不会迎来成功的，有时候，只要年轻人稍微转换一下思维方式，问题的解决根本不必那么麻烦，这就是思维决定命运。

有一家大公司的董事长即将退休，他想物色一位才智过人的接班人。经过一段时间的观察，他最后挑出了两位人选——约翰和吉米。因为他们都很精通骑术，老董事长便邀请两位候选人到他的农场做客。当他们到来时，老董事长牵着两匹同样好的马走了出来，说："我知道你们二人都很善于骑马，这有两匹很好的马，我要你们比赛一下，胜利者将成为我的接班人。"

他把白马交给了约翰，把黑马交给了吉米。这时，老董事长开始宣布比赛规则："我要你们从这儿骑马跑到农场的那一边，再跑回来。谁的马跑得慢，也就是后到目的地，谁就是胜利者。"

听了这话，约翰突然灵机一动，迅速跳上吉米的黑马，然后快马加鞭地向前急驰而去，

他自己的马却留在了原地。吉米感到约翰的举动很奇怪："咦！他怎么骑了我的马呢？"当他终于想通了是怎么一回事时，已经太晚了。他的黑马已遥遥领先，无论怎样追也追不上了。

结果，吉米的马最先到达终点，他输了。

老董事长高兴地对约翰说，“你可以想出有效的创新办法，能出奇制胜，证明你有足够的才智来接替我的位置，我宣布，你就是下一任董事长了！”

其实，人的智商是没有多大差别的，关键在于谁更能运用自己的思维，在于谁能将问题转换到另一个角度。会思考的人才是最终的赢家。故事中的约翰就是个善于打破常规思维的人，他用逆向思维赢了吉米。

对于二十几岁的年轻人来说，要经常发动自己的脑筋，在生活中要勤于思考、善于变通，对于一些别人解决不了的问题，可以换个思路去解决；对于别人想不到的事情，要努力想到并实现。会变通的年轻人才会在通往成功的路上排除万难，最终获得成功。

确立目标时要考虑到自己的特长

人无完人，世界上没有人是万能的。每个人总会有自己不会做或不擅长的事情，思想决定行动，聪明人绕开短处，经营长处，把智慧用在自己擅长的方面，就很容易在人生的赛场上领先别人，领跑大众，而愚蠢的人总是抛弃长处，经营短处，把心思和精力用在自己不熟悉或不擅长的方面，或者永远在泥沼中跋涉，永远与成功无缘。

二十几岁的年轻人都希望成功，都希望自己成为不平凡的人，希望梦想、才华获得赏识，能力获得肯定，拥有名誉、地位、财富。但真正能做到的人，微乎其微。历史上很多功成名就的人，很多都经历了曲折的目标探索过程，但最终他们做了自己的事；而也有一些人，一生都在忙碌于对于自己来说体现不了价值的事。无数的事实证明，一个人在了解了自己的特长并懂得发挥之后，就会很快绽放出最亮丽的光芒，而这也告诉年轻人，不能以卵击石，千万不要做自己不擅长的事。

迦罗瓦是一位法国的数学家，是一位天才。他一共参加了两次巴黎理工大学的考试：

第一次，由于口试的时候不愿意做解释，并且显得无理，结果被拒了。当时他大概十七八岁，年轻气盛，大部分东西的论证都是马马虎虎，懒得写清楚，并且拒绝采取考官给的建议。

第二次，他口试的时候，逻辑上的跳跃使考官感到困惑，迦罗瓦感觉很不好，一怒之下，把黑板擦掷向考官，并且直接命中。于是，他被送进了牢里。

在进入牢狱前，他匆匆把一份书写潦草的手稿交给他的朋友。那一年他才19岁。这部手稿在他死后多年由他的朋友交给法国数学院，别人在未来的半个世纪里，根据这部手稿做出了一个新的数学体系：群论。后人对他的评价是，“他的手稿研究150年都研究不完。可惜死得太早。”他是被枪打死的，那一年他23岁。当时法国有个风俗，如果两个男人爱上同一个女人，就以决斗的方式决定归属。迦罗瓦的对手，不幸是法国最好的枪手。两个人当面对决，距离25步，他腹部中枪，倒地身亡。

有个经济学家提出比较“利益原则”，他说，正如一个国家选择经济发展策略一样，每个人应该选择自己最擅长的工作，做自己专长的事，才会愉快地胜任。换句话说，你自己的专长对你才是最有利的，这就是经济学强调的“比较利益”。如果年轻人从一开始就在做自己最擅长的事，在选择中注重效率，在成长中把自己的价值最大化，踏实地去做，最终会有所成就。

有时候，年轻人一生的选择比盲目的努力更重要，因为思想决定一生。

高居全球富豪榜首多年的美国微软公司总裁比尔·盖茨先生，曾经说过：“做自己最擅长的事。”一个能够及早发现自己兴趣的人，并且将兴趣培养成专长，这个人一定是站在成功队列的人。

迈克生于一个物理世家，父母都是物理界的知名学者。他的父母希望他们的孩子将来也成为物理学界的泰斗，于是夫妇俩从小便向迈克灌输各种物理知识，但不知什么原因，小迈克始终对物理提不起兴趣，却对经商情有独钟。他在夜里偷偷地学习有关商业及商业管理方面的知识，几乎到了如饥似渴的地步。

但他无法违背固执的父母的意愿，成年后，他不得不到父亲所在的学校教物理，但他知道，物理绝不是他的特长，他相信，他的经商才能与商业知识，足以使他在商界成名。

终于，父母放弃了对他的要求，也不提供任何帮助。若干年后，积累了丰富商业知识的迈克终于在商场上有了自己的一席之地，成为英国首屈一指的房地产大亨。

所以，年轻的朋友们，在确立目标时要考虑到自己的特长。聪明的人，总会去做自己擅长的事情。因为如果你们做不擅长的事情，就算再努力，顶多是不会被别人落下太远，要想出人头地是很难的。而做你们擅长的事，则可以让你们有可能成为那个领域的精英。

第3章 善思者行，借助思维的力量向前迈步

生活中，相信我们大部分人都渴望成就一番事业，然而，不少人失败了，为此，有人埋怨“为什么有些人能力平平，却能平步青云，拥有财富，成就梦想？”其实，这是由于他们善于拥有智慧的大脑，善于借助思维的力量。的确，成功的路上有千难万阻，一般的人财力、智力有限，难于成就大业，也可能在摸爬滚打中伤痕累累，但善思者行，懂得借思维之势，适时调整计划，那么，成功就成了水到渠成的事。

看清有利时机，一击即中

借势而起，是成功人士常用的借力方法。学会审时度势，抓住现在的时机采取行动，根据不同的时势做出巧妙的安排，才有可能做出成功之局。

常言道：时势造英雄，指的是借时势之力成就大事的道理。回头看看前人的智慧，其实中国的军事思想早就告诉我们：竞争谋略不讲力气，而是讲劲道，劲道不是力，而是势。“知其力，用其势”，所以能够四两拨千斤，能以弱胜强、以寡击众。

“时势”中的 “时”，就是时机成熟与否的问题。时机成熟了去做某一件事就容易成功，若时机不成熟，就先别去做，即使做了，成功的概率也不大。所谓“势”，就是“力”之顺逆与难易之比较。势顺而用力易，势逆而用力难。时与势处处存在，关键在于你的判断能力，所以，你必须学会审时度势，看准某一事物在将来可能向何处发展，抓住现在的时机采取行动，根据不同的时势做出巧妙的安排，争取做出成功之局。胡雪岩说：“与其待时，不如乘势。”借势而起，借力而发，是成功人士常用的借力方法。

创业之初，微软公司几乎无偿地向IBM提供最初的软件系统，但它也随着IBM销售的不断扩大，逐渐占据了软件市场的统领地位，获得了大利。

中国联想在“贸工技”阶段，同样也是借代理国外品牌来积累市场经验和第一桶金；接着又借中国计算机所的科研力量开发新产品。当联想强大之后，想走向世界时，也同样用借势的方式，收购IBM的PC部门，实现国际化战略。2005年5月，新联想成立后又借助奥运会推波助澜，稳固其在全球PC霸主的地位。联想的每一步，都是随势而动、借势前进的。“势”就是这样，只要你认识它，并且利用、驾驭它，你就可以事半功倍地创造你的财富，可以轻易就能实现自己的目标。很多人和企业之所以总是做不上去，就是因为他们根本就没去想过“势”的含义，没想过“势”的重要性，更没想到过要“借势”来为自己服务。因此，单靠自己，力量单薄，结果只能是苦劳不少，功劳不多。

巧借天时，借势而上，与把握时势有很大关系。看准时势需要眼力，历史上有显著成就的人都是借势的高手，从他们成功的经验中，我们可以看到他们借势而上的智慧灵光。他们之所以成功，是因为他们把握了时机，然后借势而上。

2005年8月5日，百度成功登陆美国纳斯达克，以27美元发行，一天之内涨幅竟然达到354%，成为美国股市自2000年来新上市公司首日涨幅之最。百度市值由8.72亿美元飙升至近40亿美元。百度的创始人李彦宏的身价也达到9亿美元。这次，百度不仅再次创造了互联网企业的神话，也成为家喻户晓的明星企业。百度为什么火得如此一塌糊涂，这在其上市之前恐怕是大多数人所始料未及的。

以百度当时的名气，即使上市了，不一定能达到如此好的效果，也不能排除融不到更多资金，成为市面上的垃圾股的可能。因为，美国的投资者没有人知道百度，更没有人用过百度。要想在市面上一举成名，需要让美国的投资者认识百度。而要达到这个目的，最好的办法就是，让他们知道百度和美国某个他们非常认可且业绩很好的公司是一样的。

对于百度来说，这个公司就是Google。一方面，Google是搜索业界的老大，其上市后，业绩一路攀升，从开盘时候的100.01美元已经上涨到了当时的300多美元，是美国投资者追捧的对象，其在资本市场和搜索领域的影响力无可匹敌；另一方面，Google在国内和百度是竞争对手，在中国搜索领域分别排名第二和第一，两家公司性质的相同性可想而知。

因此，在上市前，李彦宏聪明地把Google作为新的融资股东。而在Google上市时，错失投资良机的投资者，这次显然不会再错过机会，他们把对Google未能尽释的热情转移到了对百度的热情追逐上。因此，借Google之势，百度一举成名。

在当今无孔不入的互联网时代，各种信息的传递速度早已今非昔比——我们处在一个信息泛滥的环境中。信息越多就越会出现信息不对称，即“供方找不到需方，需方找不到供方”的双盲现象。面对这样的处境，企业如何让消费者最快地认识自己？如何在大众心中树立企业的品牌形象？如何把产品卖到消费者的手中？如何使企业获得永久经营的竞争力？实践证明，借势营销的路子是正确的。通过借势营销让消费者“自己说服自己”——把“说服购买”隐藏在营销活动里，让消费者在参与营销活动的过程中自觉地购买我们所销售的产品。

在现代商业竞争中，假如你准备在某个行业大展宏图，时势对你很重要，时势对商人来说就是机遇，谁能看清对自己有利的时机，并制订出具体的行动计划和实施方案，然后借势而上，谁就能事半功倍地走向成功。

看准时势，时机到了再出手

成功者总是具有敏锐的眼光和奇妙的招数，对形势把握准确，料敌于先机。只有认清形势，并采取相应的方式为自己造势，才能使自己走向成功。一位记者曾与商业巨子查尔斯·科伯恩做过一次交谈。这位记者问了他一个很普通的问题：“一个人如果想在事业上有所成就，需要的是什么？是智商、精力还是教育？”查尔斯·科伯恩摇摇头，胸有成竹地说：“这些东西都可以帮助你成大事。但是，我觉得有一件事情更为重要，那就是看准时势。”

我们今天选择行业，开创事业，不得不考虑“势”。抓住了“势”，就能顺势而起，快速成功。在当今这个竞争日益激烈的市场经济时代，想要干出一番成就，使自己立于不败之地，仅靠单打独斗是行不通的，应该学会“借势”。

近年来，国人对借势营销并不陌生。最为人们津津乐道的借势营销案例当属蒙牛乳业。创业初期，“借”用工厂——通过租赁、托管、合作的方式与七个工厂建立了合作关系，实施“虚拟联合”，快速开拓市场；接着又捆绑行业老大伊利集团，打响自己的名头，并借政府之手请出伊利集团一同打造“中国乳都”；之后又借势“神舟一号”一飞冲天，又借“超级女声”唱响全国。其中最值得一提的是借势摩根斯坦利、鼎晖投资、英联投资这一案例，不但借到了钱，还借到了力。

当时，蒙牛公司并不缺钱，因此，其接受投资的策略是：有钱无名的恕不接待，有钱有名的还得挑一挑、拣一拣，一定要与能把自己送上“青天”的“好风”合作。当时，“新希望乳业”热情而来，欲投巨资实现控股，却遭到断然拒绝。同在内蒙的鄂尔多斯集团也是准备投资蒙牛的，但同样受到婉言谢绝。

最后，如蒙牛所愿，它与国际上最有名望、投资实力最强、背景最亮的三家公司——摩根斯坦利、鼎晖投资、英联投资达成了合作伙伴，它们为蒙牛的海外上市开拓了捷径。事实证明，蒙牛的这次借势是成功的。

一个大公司推出新业务，必然会有许多新的它所没有注意到或无暇顾及的赢利点。善于借势的人，就会让大公司去付市场的开拓费用，而自己轻松地跟着他们赚钱。所以，密切注意大公司的行动及其所引起的市场新变化，是现代商业“借势战略”的一个重要内容。

如果你能领会巧借天时、借势而上的道理，你就会有一种积极的心态，及时捕捉时机，积极行动，生活中的问题就会很容易解决。成功者总是具有敏锐的眼光和奇妙的招数，对形势把握准确，料敌于先机。只有认清形势，并采取相应的方式为自己造势，才能使自己走向成功。

某公司总部的大楼落成了。它坐落在城市一角，高52层。怎样提高公司的知名度呢？董事会为此异常焦虑。正在这时，一件怪事发生了。一大群鸽子，飞进了大厦顶层的房间，员工们采取各种办法，仍然驱赶不走，而且越聚越多，没几天，就聚集了数以千计的鸽子。大厦顶层的房间里，羽毛、鸽粪遍地都是，公司一时没有对策。

这时候，公关顾问组忽然萌生了奇想，经与董事长密商后，迅速下令关闭所有的门窗，不让一只鸽子飞走，接下来，他们采取了一系列相应的行动。公司先是告知动物保护委员会，要求派人到公司协助处理有关动物保护的大事；接着，各新闻机构接到电话，公司大楼将出现颇有情趣的捉鸽子事件，等等。

由活捉第一只鸽子直到鸽子全部落网，前后竟用了3天的时间，场面非常可观。一时间，各报刊纷纷发表了形象而生动的消息、特写、报道、评论，趁此机会，公司首脑纷纷在荧屏亮相，首先表示把支持保护动物视为神圣职责，并向公众介绍公司的宗旨及服务范围。最后一天，他们还别出心裁地搞了一个盛大而隆重的“鸽子放生活动”，邀请了许多人参加，电视台甚至以直播的形式报道了这一事件。很快，公司就在社会上树立了良好的企业形象，知名度和声誉度获得了广泛提高；公司的业务、利润也得到了大幅增长。

对形势有准确把握，才能料敌于先机。只有认清形势，并采取相应的方式为自己造势，才能使自己走向成功。

深谙此道的智者，可以说一抓住机会，便要造势。造势一旦完成，接下来的行动无疑具有极强的杀伤力，其势如破竹、不可阻挡。甚至有时候为形势所迫，“有条件要上，没有条件创造条件也要上”。天时、地利、人和都隐藏着商机，把握了这些就等于成功了一半；余下一半就看你会不会借势了。借势取势需要你有敏锐的眼光，能用独特的视角去发现机遇背后的价值，然后因势利导，以特有的手段将商机转化成有效的行动。

善于向自己的对手“借”智慧

每个人都有自己能力所不能达到的死角，单打独斗的人永远成不了大气候。要学会向自己的对手“借”智慧，这样，你才能够在社会中站得稳、行得端。

你也许读了很多成功人士创业的故事，在每一个成功故事里面，都隐含着他们的传奇人生和发家史，他们的成功，在为我们这个时代和他本人创造财富的同时，也为我们提供了他们累积起来的珍贵创意和智慧；他们的成就，为我们这个时代贡献了一个个可以借鉴、引人思索的经验。

你可以花上10年、20年或30年的时间，自己在黑暗中慢慢摸索成功的方法，但在信息如此发达的今天，这样做显然是愚蠢的。最聪明的办法是站在巨人的肩膀上登高望远，踏着成功者的脚步，用最短的时间学习顶尖高手的成功经验。

华人富豪李嘉诚初创业的时候，生产塑胶玩具。尽管生意状况很不错，但由于竞争者日渐增多，他隐隐感到了某种危机，于是他决定寻找一个新的突破口。一天深夜，他从杂志上看到了一则意大利生产塑胶花的消息，李嘉诚心中一动，决定前往意大利“取经”。

从意大利学艺归来后，李嘉诚便把样品交给设计人员研究，要求他们尽快开发出塑胶花新产品。设计师们经过精心研制，终于做出了不同色泽和款式的“蜡样”。李嘉诚带着自产的塑胶花样品，像最初做推销员那样，一一走访经销商。当李嘉诚把样品展示给他们时，这些经销商被眼前这些小巧玲珑、惟妙惟肖的塑胶花弄得瞠目结舌、眼花缭乱。大家围着塑胶花仔细察看，这才发现李嘉诚带来的塑胶花，的确与印象中的意大利产品有所不同；而且在样品中，还有好多种中国人喜爱的特色花卉品种。

不久，塑胶花迅速风行香港及东南亚。寻常百姓家、大小公司的写字楼里，甚至汽车驾驶室里，无不绽放着绚烂夺目的塑胶花。李嘉诚用他的塑胶花掀起了香港消费新潮，他的长江塑胶厂渐渐开始蜚声香港业界。

毕加索说过：“优秀的艺术家靠借；伟大的艺术家靠偷。”这句话阐明了一个道理，不管做什么事情，要想快速成功，就要学习或借鉴前人的成功经验。成功人士都是这样走过来的，碰到难以解决的问题，从同行的成功者过去的经验里寻找突破口。花旗银行亚洲区主席梁伯韬说过：“民营经济和中小企业要总结前人的经验，我希望在中国出现更多的李嘉诚。”

“他山之石，可以攻玉”，借鉴成功人士在某一领域成功的方法、步骤，学习别人的经验，可以缩短自己的奋斗历程，使自己在追求成功的路上少走弯路。

清朝末年，在京城的一条街上，有三家布料店，相互间的竞争十分激烈。在淡季里，陈记布料店为打开销路，挂出“蚀本甩卖”的牌子，实行降价销售。对面的周记不甘示弱，也开始低价销售。旁边的王记担心生意被那两家抢走，也跟风而上。可是，过了一段时间，王记一看这样下去，自己的店肯定要垮，所以，率先宣布关门停业。

陈记和周记两家店仍旧为整垮对方继续降价，最终损失惨重，都被迫关门。这时候，有一个李姓的年轻布料商，在这条街上新开了一家布料店。同时，先前关门的王记布料店，因为损失不太严重，保存了实力，又开业了。

鉴于以前几家店恶性竞争导致的不良后果，这个李姓年轻人亲自上门拜会了王记布料店的老板。经过一番促膝长谈，两家达成了协议，制定了相同的价位，并通过不同的服务方式，来满足顾客需要。结果，两家店的生意都非常红火。

许多事情，经历不到，就体会不到，但你可以从别人的身上感悟、借鉴。每个企业，都有自己的短处，也有自己的长处，由于主攻目标不同，有时自己的长处在商战中“英雄无用武之地”，这就要求你善于借别人的长处，把别人闲置的力量借过来，合理利用；把别人闲置的资源挖掘出来，充分利用。创业本身就是一种借力加创造的过程，借用别人的长处可以为你创造更多的物质财富。

借名扬名，名扬四海

借公众对名人的认同心理策划某种产品，确是一项明智之举。借名人的影响力，使你的产品在投放市场时产生名人效应，不失为一种有效而快捷的提高产品知名度的方法。人类社会普遍存在着一种模仿名人的风气，名人用什么，我也用什么；名人穿什么，我也穿什么。

名人用过的东西，不但能引起人们的重视、青睐，还有可能带动消费者购买的热潮。这是因为，在普通人的思维中，有这样一种心理定式：名人推崇、赞赏的东西，质量、性能一定没问题，无须怀疑，也无须考验。许多企业在策划广告或选形象代言人时，不惜花重金请名人，实际上也是希望产生名人效应。

瞄准名人喜欢用的东西大做文章，不断推广，从某种意义上来说，等于抓住了公众认同名人的心理，认同名人用过的产品在质量上是过硬的，无形中为产品找到了让消费者接受、购买的渠道，有了渠道，产品就畅销了。世界上有不少产品都是这样，不知默默无闻存在了多少年，偶然一次经名人推崇、使用，便身价倍增，名扬四海。

为什么同一产品在名人用过后，其身价不大一样呢？这就是名人效应的魔力所致。我国化工进出口公司会同上海医药工业公司研制的“920营养发水”，对脱发有特殊疗效，原联邦德国总理施密特在任时爱用此药。一次，施密特去英国同里根总统会谈时，随行记者发现他的手提包内放有四瓶“920营养发水”。这位记者报道了这个发现。

中国厂家抓住这个机会，借题发挥，大做文章，以此事为例在国内外大肆宣传，立即在国际上掀起了一股中国“920营养发水”热，这种发水被誉为“中国神水”。此后，中国“920营养发水”的出口量连年大幅上升。消费者普遍有这样的心理，与名人有联系的事物必定是不一般的，基于这种心理，人们纷纷追逐、效仿名人，所以，与名人沾边的东西也就容易成为抢手的东西，成为流行或者时尚。因此，让名人开“金口”，对你的企业或产品给予肯定的评价，这种评价具有很高的“含金量”，只要你巧妙利用，它将具有很强的说服力，是最能征服消费者的广告词。

企业策划者适时地抓住这种机遇，拉名人“入伙”，或邀名人“加盟”自己的企业，都是一种行之有效的提升企业和产品知名度的策略。

一旦拉进或请来了名人，无异于给你的企业请来了一尊“财神”，传媒自然会为你免费宣传，新闻、广告效应即时见效，达到名人效应。所以，借名人造势，是制造商机的途径之一。善借名人造势，可以利用各种环境条件，提高自己的名声、地位，以达到聚财的目的。

美国总统布什在他当总统之前，曾担任过美国驻华大使馆联络处主任。那时，只要有空，他就喜欢和夫人巴巴拉一起骑着天津产的“飞鸽”牌自行车游览北京城。布什就任总统不久，因国事访问中国，夫人巴巴拉也随他出访。“飞鸽”牌生产厂家天津自行车厂，得知此消息之后，马上精制了两辆“飞鸽”牌自行车，并交给国务院转送布什夫妇。

“飞鸽”牌自行车作为国礼由当时的李鹏总理亲手送给布什总统，中央电视台现场实况转播了这一仪式。“飞鸽”牌自行车在中国本来就有名气，此次又经李鹏总理之手作为国礼送给美国总统，从此，“飞鸽”牌自行车更是深入人心，从而大大提高了“飞鸽”牌自行车在中国消费者心中的知名度。

借与名人相关的信息，以及公众对名人的认同心理，策划某种产品，实现消费跟风现象，确是一项明智之举。借助名人做广告，宣传自己的产品，产生名人效应，提高产品的层次，你的产品就不愁销路。用与名人相关的信息炒作，等于不花钱为自己的产品促销，这种方法只要操作得当，定会收到令人满意的效果。

借名人的影响力，使你的产品在投放市场时产生名人效应，不失为一种有效而快捷的提高产品知名度的方法。要记住，任何一条信息都有可能转化成财富，与名人相关的信息是最容易转化成为财富的资源。广告策划者与企业经营者如平时留意名人的信息，并有选择地加以利用，就等于不花钱为自己的产品促销，效果非同一般。

制造假象，攻其不备

世事之复杂，往往就在于常出现假象，所以你必须灵活应变，学会借用假象迷惑对方，这样才算是智者。《孙子兵法》上说：“兵无常势，水无常形；能因敌变化而取胜者，谓之神”。意思是说用兵没有通常的模式，流水没有固定的形状；能根据敌情变化而取胜的，才称得上神妙。

我们走出家门闯荡天下时，处境都比较困难，什么样的情况都可能遇到，这就要求我们有一个机智灵活的头脑，根据具体情况做出不同的反应，或是化险为夷，或是抓住发展机遇，以达到趋利避害的生存目的。

与对手竞争，在对手的势力很大，而自己力量不足时，就不要正面与他斗争，而要暗中较量。正如《孙子兵法》上说的“出其不意”，要从对手没有防备、意想不到的地方进攻，这样，你就一定能取得胜利。

中国一家梳绒厂因经营不善，面临破产的危险，要想渡过难关，必须把公司的全部产品尽快卖出去。公司的经理李南山因此不得不飞往韩国，与客户进行紧急谈判，不料对方已探明这家梳绒厂的底细，想尽办法大力压价。李南山已经没有了选择，但是，他十分沉得住气，尽管内心十分焦急，表面上照样谈笑风生，使对方误以为他还有更好的买家。在对方代表看来，李南山似乎对他们提供的谈判条款根本没有郑重考虑，而且他还一遍又一遍地告诉秘书："你再去看看飞往美国的机票是否准备好了，如果准备好了，我们明天就走。那里可不能耽误了。"由此，对方谈判代表坚信李南山对与韩国企业的这桩生意兴趣不大，他极有可能突然离开韩国前往美国。所以，韩方谈判代表赶忙拨通电话报告总裁，询问怎么办，总裁马上下令："按正常价格尽快谈成这笔生意。"结果，这家梳绒厂因这笔生意从崩溃的边缘重新振作了起来。

世事之复杂，往往就在于常出现假象，所以你必须灵活应变，学会借用假象生财，这样才算是智者。换一种思路，打破常规，有些看起来不可能的事情就会变为可能。这世间许多"非常的成功"，都是以"非常的手段"达成的，在追求自己理想的过程中，我们既要努力，也要思考，要寻找实现目标的最佳途径。

面对有充分准备的竞争对手，不施奇谋就无法取胜。而隐瞒真相，制造假象，出其不意、攻其不备，正是为了促成"乘隙潜袭"的良机。寓暗于明，寓假于真，才能避开麻烦，渡过难关，从而达到出奇制胜的目的。

自古以来，成功人士的思路总是不同凡响的，蒙哥马利凭借反常思路使其成为一代名将。虚则实之，实则虚之，真真假假，虚虚实实，打破常规的思路可以从中演绎出变化无穷的奇招妙策。这个计谋从表面上看是走了迂回曲折的道路，实际上是为更直接、更有效、更迅速地取得成功创造了条件。高明的人不仅要曲中见直，直中见曲，善解避实就虚之理，还要能够以迂为直，以患为利，丰富自己的成事本领。

当对立双方，因实力不同，有强弱之分的时候，如果弱方不知进退，采取硬碰硬的方法，就有可能输得一败涂地；相反，如果能够避实就虚，躲开对方的锋芒，攻其弱点，就有可能扭转局势。

借名钓利是一种商场奇招

借名牌造势，提高产品的知名度，以提高公司的业绩，是当今社会公认的品牌策略之一。此招具有投入少、见效快、收益大的优点，有时甚至还具有起死回生的奇效。借名钓利，是很多精明的商人懂得并巧妙施用的借力谋略。

一家企业要想叱咤市场，除了需要高质量的产品外，还需要行之有效的品牌策划和高水平的企划谋略，要想借名钓利，其谋略之一就是，借助名牌之“名”衬托自己的品牌。

日本魅力公司的老板是高原庆一，他在1974年发现妇女专用的卫生纸需求量很大，于是决定从事这一行业。当时不论是日本市场还是国际市场，“安妮”是卫生纸行业最著名的品牌，高原庆一决心打破“安妮”的垄断地位。他首先在产品质量上下功夫，经过反复实验，他研制出一种比“安妮”更柔软、吸水能力更强的卫生纸。他把自己的产品命名为“魅力”。

“魅力”的包装比“安妮”密封性更好，外观也比“安妮”更美观、更赏心悦目。高原庆一要求所有销售人员，一定要尽力说服各大商店的服务员，把“魅力”与“安妮”放在同一处。这种方法非常灵验，马上产生了预期的效果。女人们去商店买卫生纸时，看见“魅力”与“安妮”并列在货架上，不用说都明白“魅力”也是卫生纸，而且跟“安妮”放在一处，质量也该是同级的，再加上精美的外包装，看起来很美，不禁有试一试的冲动。买来一用，发觉比“安妮”更柔软、吸水性更强，于是“魅力”渐渐被消费者所接受。

“魅力”刚投放市场的时候，依托“安妮”的品牌名气，自1974年推出市场，销售量逐渐攀升，由于产品不断完善，几年之后，其销量已超过“安妮”，成为日本最具影响力的卫生用品品牌。

从投放广告的角度来看，借助名品牌之“名”衬托自己的品牌，不仅投入少、效果也很好。这种不花钱或少花钱的“借名钓利”，比花钱做大量的广告或请名人代言，在开支方面要划算得多。借助名品牌之“势”衬托自己的品牌，关键在于借其名气，让名品牌的名气衬托自己的品牌，树立自己品牌的形象，为自己的品牌扬名。

在白酒行业内有这样的说法：“南有茅台，北有皇台。”“茅台”因为是国酒，所以大家都知道这个品牌，而“皇台”可能就没多少人认识了。“皇台”是甘肃凉州皇台酒厂生产的一种酒。它巧用中国第一名酒“茅台”之名，抬高自己的身份，使消费者将“茅台”与“皇台”相提并论，实为借梯上楼的高明之举。

20世纪50年代，有一个名叫约翰逊的人创建了一家只有500美元资产的约翰逊黑人化妆品公司，初创时只有3名员工。人们购买化妆品时，都是冲名牌去的，那些名气不大的产品很难立足于市场。因此，约翰逊黑人化妆品公司的产品销量很不理想。约翰逊决定想办法改变这种现状。当时美国黑人化妆品中最有名的是佛雷公司。在约翰逊公司生产出一种叫“粉质化妆膏”的产品之后，约翰逊想出一个借“佛雷”品牌的名声钓利的办法。

约翰逊公司投入大量的广告资金，使得在每一个化妆品专柜上都可以看到这样的广告词：“用佛雷化妆之后，再涂一层约翰逊粉质化妆膏，会有意想不到的效果。”这样一来，约翰逊产品的市场占有率不断提高。接着，约翰逊公司又推出一系列新产品，并加强广告攻势与宣传力度，仅用了短短几年的时间，约翰逊的化妆品跟佛雷牌子的销量便不相上下，后来，美国黑人化妆品市场便成了约翰逊的天下。

试想一下，如果你是个普通人，谁会注意你呢？可是，一旦你跟总统站在一起，通过媒体传播出去，人们肯定会打听，站在总统身边的那个是谁呀？同样，因为约翰逊的“粉质化妆膏”是与佛雷牌子一起出现的，佛雷牌子的名誉成了约翰逊“粉质化妆膏”质量的保证。

创造新的商机，除了自身的努力外，还要善于借助一切可以利用的机会和条件。可以借助名品牌为自己的产品打开市场、开好局，为自己的产品打下基础并积蓄力量；也可以借助名品牌的威望装点自己的品牌，打着名品牌的旗号呐喊，壮大自己的声威。只要你细心观察市场的可借之势，一定有成功的可能。

“借鸡下蛋”是一种捷径

“借鸡下蛋”是一个通往财富的捷径。用此招要迎合其心理而动，从而煽动其欲望。灵活运用“借鸡生蛋”这一招，在财富积累方面，会让你受益匪浅。在我国的传统观念中，做生意需要本钱，没有本钱就无法做生意，认为借钱赚钱是无能的表现。这种观念其实早已过时了，抱有这种观念的人，可能一辈子不论怎样辛苦劳作，也摆脱不了平庸的生活。现代的商海弄潮儿，在创业之初，有多少人兜里拥有很多本钱？但是，没有本钱不要紧，就看你有没有本事和足够的胆识去“借”。

善借别人的钱赚钱、善借别人的脑赚钱、善借别人的名声赚钱等，都是睿智的借力之举，是发财的绝妙高招。许多有能力的企业家在经营中很善于克服不利因素，运用高超的思维想出解决问题的新思路，他们尤其善于在解决资金问题方面妙招频出。那么怎样才能让自己在最快的时间里获得大量的财富呢？最好的办法就是用别人的钱做自己的生意，也就是借鸡下蛋。

“借鸡生蛋”，真如变戏法一般。不过，生意场上的戏法如何去“变”以及“变”得好坏与否，又的确显示着经营者的眼光、胆略和技巧的高低。想要在短时间内获得财富，“借鸡下蛋”是一个通往财富的捷径。用此招还须知己知彼，才能百战不殆，要迎合其心理而动，从而煽动其欲望。

灵活运用“借鸡生蛋”这一招，不管在财富积累方面，还是在个人经验积累等方面，都会让你受益匪浅。作为电脑天才的盖茨常常也曾别出心裁，巧用“借鸡生蛋”这一招来赚取财富。

商场如战场。一个成功的商人要想在没有硝烟的战场上游刃有余，不仅需要非凡的气魄，最关键的是要有超人的智慧和随机应变的本领。所以，想致富的人不要总把目光盯在本钱上，本钱固然重要，但是，即使你没有本钱，如果善用“借”的手段，那么，也有可能圆你的发财致富梦。

第4章 专注眼下，困难只是人生路上的插曲

年轻人刚踏入社会，不免经历社会的洗礼，在追求人生价值的时候，更容易遭遇困难，但只要摆正自己的心态，给自己树一面旗帜，专心眼前的路，而不是纠结于人生路上的困难，那么那些困难就只是人生路上的插曲而已，当你日后攫取到成功的果实时，你会发现，那些困难都不值一提。

成功者志存高远

俗语说：“思想走多远，就能走多”，虽说这句话不完全正确，但足以看出思想和目标对人成才、成功的重要性。稚嫩的鸟儿志在蓝天，他日也能自由翱翔；池中游鱼志在大海，也能随奔腾的河流融入大海。多少成功的人之所以成功，得益于志存高远。人生的路上，有阳光明媚的清晨，也有雾霭弥漫的傍晚；有大雨滂沱的冲刷，也有阴雨绵绵的滋润；交织着忽高忽低的情境的人生才精彩，才能历练一个人的意志和灵魂，信念坚定、志在成功者，才能专注人生奋斗的脚步，而不是左顾右盼于人生的困难。

二十几岁正是为人生的目标开始奋斗的年纪，年轻人要规划好自己的人生并为之努力奋斗，努力之后，必当有守得云开见月明之日，而中途的苦难已不复存在。当今社会竞争激烈，唯有真正有实力的人才能立于不败之地，才能经得起社会风雨的洗礼，而实力就来自于一个人的志向，“我成功因为我志在成功”，燕雀与鸿鹄的人生高度不一样，就是因为“燕雀安知鸿鹄之志”。古人云，立长志，而非常立志。立长志的人才能为未来奋斗，抛开困难向前冲，直达成功的彼岸。

“有志者事竟成，破釜沉舟……三千越甲可吞吴”，这就是越王勾践的志，卧薪尝胆对他来说，并不困难，因为志在复国；贝尔在研制炸药时，爆炸让他的亲人离他而去，他没有放弃，因为他志在人类和平。在困难重重的时候，因为坚定的信念，他们一路艰辛，最终硕果累累。

从前，有个年轻人，总是希望自己能成功，成为众人羡慕的对象，可是他总是三天打鱼两天晒网，没有一个明确的人生目标。他的父亲发现了他的弊病。

有一次，他要在房间里钉一幅画，请父亲来帮忙。画已经在墙上扶好，正准备钉钉子，他突然说：“这样不好，最好钉两个木块，把画挂上面。”父亲遵循他的意见，让他帮着去找木块。

木块很快找来了，正要钉，他说：“等一等，木块有点大，最好能锯掉一点。”于是便四处去找锯子。找来锯子，还没锯两下，“不行，这锯子太钝了，”他说，“得磨一磨。”

他家有一把锉刀，锉刀拿来了，他又发现锉刀没有把柄。为了给锉刀安把柄，他又去屋后边的一个灌木丛里寻找小树。要砍下小树，他又发现那把生满老锈的斧头实在不能用。他又找来磨刀石，可为了固定住磨刀石，必须制作几根固定磨刀石的木条。为此他又让父亲去找一位木匠。

这时候，他的父亲说：“孩子，你这样永远挂不上那幅画，就像总是成天说自己要成功一样，怎么样才是成功呢？一个人只有立长志，然后为自己的志向奋斗，才会离成功越来越近，最终实现自己的梦想，你连自己到底要做什么都不知道，哪里谈得上成功呢？”

年轻人这才醒悟过来，于是，自那以后，他准备当一个画家，为了这个梦想，他在山上向一位画坛名人求教数年，终成当地出名的画家。

空谈者绝不会成功，因为他不知道自己的目标在哪里，高喊着成功的口号，却不知道自己的方向在哪里，这是一种悲哀。所以，年轻人要想成功，就必须立志，知道人生的航向到底在何方，才谈得上奋斗和努力，否则就如同无头的苍蝇。

有志者，必当有坚定的信念，即使逆境和困难也不能阻挡他们奋斗脚步，正如王勃的那句：“穷且益坚，不坠青云之志”。

古之立大事者，不唯有超世之才，亦必有坚忍不拔之志。逆境中，他们的重心是为目标奋斗，而不是愁苦眼前的困难，困难只是成功路上的风景，本末倒置就会陷入困难不可自拔，最终与成功无缘。

成大事者，必然有超人的斗志，能成功因为志在成功，而不是把目光放在奋斗路上的小插曲上。当然，成功的前提是要有明确的目标，然后为之奋斗。所以，人生刚刚起步的年轻人，做个志者，立长志，然后志在成功，不要太在意奋斗路上的困难，要放开困难的羁绊，奋力拼搏。天行健，君子以自强不息，志在成功，才能自强，才能有不息的奋斗精神！

理想与愿望是人的信念与精神支柱

青春是一株无名的小草，它虽不怎么起眼，却经得起风吹雨打；青春是一把未开锋的宝剑，只会越磨越利。这就是青春，为梦想和愿望勇敢追逐的年纪。黎巴嫩诗人纪伯伦有两句诗：“愿望是半个生命，淡漠是半个死亡！”愿望的作用大到可以产生奇迹。相反，失望就会使人彻底毁灭。二十几岁的年纪无处不散发着青春的气息，朝气蓬勃，也是事业和人生的起步阶段，不免有很多人生的困境。不管遇到什么，年轻人都不能淡漠，也不能忘却自己的愿望和理想，更不能被挫折和困难销蚀了人生的动力。

理想与愿望是一种信念，是人的精神支柱，当然，愿望与现实之间的确有差距，但只要朝着目标奋斗，美梦也可以成真。现实纵使再残酷，也不应只有灰暗的一面。愿望是人寄托思想的所在。无愿望，便无思想的寄托，活着也只有悲哀。没有愿望，便无目的，没有目的，则无动力，没有动力，就会懈怠。懈怠了，便更无愿望，周而复始，人生几十年也就匆匆过去，年轻不再，青春不再，留下的就只有遗憾。

每个年轻人都有着自己的愿望，也都为自己那伟大的愿望激动过、奋斗过，而淡漠就是阻碍愿望实现的杀手，只有坚定自己的愿望，勤勤恳恳地为愿望奋斗，脚踏实地地走好人生的每一步路，才能更快地接近愿望，最终实现自己的愿望。南非第一位黑人总统曼德拉同南非种族隔离制度进行了几十年不屈不挠的斗争，赢得了全世界人民的支持和喝彩。

曼德拉出生在一个小村庄，9岁那年父亲就去世了。后来，他亲眼目睹了大酋长在处理部落争端的问题上时，总是被白人政府的法律约束，他的心中慢慢升腾起要为正义和平战斗的火焰。上学后，他因为领导同学抗议白人法规和领导学生运动被学校除名，可是这并没有使他忘却自己的理想，相反，他更加明确了自己一生的目标，那就是：要为南非的每一个黑人寻求真正的公正。

1961年6月，曼德拉创建非国大军事组织“民族之矛”，任总司令。1962年8月，曼德拉被捕入狱，当时他年仅43岁，南非政府以政治煽动和非法越境罪判处他5年监禁。1964年6月，他又被指控犯有以阴谋颠覆罪而改判为无期徒刑，从此开始了漫长的铁窗生涯，在狱中长达27个春秋，他备受迫害和折磨，但始终坚贞不屈。1990年2月11日，南非当局在国内外舆论的压力下，被迫宣布无条件释放曼德拉。1991年，联合国教科文组织授予曼德拉“乌弗埃-博瓦尼争取和平奖”。1993年10月，诺贝尔和平委员会授予他诺贝尔和平奖，以表彰他为废除南非种族歧视政策所做出的贡献。同年，他还与当时的南非总统德克勒克一起被授予美国费城自由勋章。1998年9月，曼德拉访美，获美国“国会金奖”，成为第一个获得美国这一最高奖项的非洲人。

一生为黑人利益奔走的曼德拉，经受了常人不能经受的牢狱之灾，苦难和折磨都没有动摇他的信念，这就是愿望的力量。而假如他淡漠的话，恐怕黑人乃至整个人类史上就少了一个捍卫正义和平等的卫士了。

很多年轻人之所以迷茫，之所以不能在困难中奋起直追，归根结底主要是没有远大的志向和为之奋斗的明确目标。没有人生的目标，只会停留在原地。没有远大的志向，只会变得慵懒，只能听天由命，叹息茫然。不想青春就这样逝去，只有靠志向和理想冲出迷茫的旋涡，崭新的人生之页将会为你从这里掀开。年轻人应该记住：愿望是半个生命，淡漠是半个死亡。给自己的人生树好一面旗帜，才能专心于路，而非路上的困难！

信念目标，在平凡中孕育出伟大

有人说，没有理想和目标的人就如同一只断了线的风筝，随风飘荡，却不知道自己的目的地在何方，风息的时候，便会从半空中滑落，摔断了骨干，撕破了衣裳。拥有目标的人就拥有了不竭的奋斗动力，生命因此才更有意义。可是，人生的路上不免出现一些阻碍奋斗的困难，很多人会因为困难而放弃，这是弱者的选择，只要坚定了自己的目标，就能树立信心，专心于前面的路，而非路上出现的草莽。这样，平凡的脚步也可以走完伟大的行程，这就是信念和目标的力量。所以，作为二十几岁的年轻人，要给自己的人生树立一面旗帜，让这面旗帜引领年轻人披荆斩棘，淡化困难，走向成功。

没有哪个年轻人天生就带有不平凡的胎记，拥有不平凡的目标。平凡人也能拥有伟大的人生。困难和挫折可以把人吓倒，使人唉声叹气，退缩不前；也可以使人精神振奋，经受磨炼，增长才干，增强意志。只有那些拥有坚定的目标、面对困难和挫折毫无惧色的年轻人，才能到达成功的顶峰。

平凡人的伟大就在于拥有坚定的目标和信念以及顽强的意志。关注于前面的路，而非出现的困难，困难终会过去，而倘若一个人在困难面前太过专注的话，就容易被困难吓倒，最终停滞奋进的路。而只有学会看轻困难，才会勇敢地面对它，才能战胜它。

静是某城市的一名农业技术员，20世纪 80年代中专毕业后，一直做农业技术工作。90年代以后，先是农业结构调整，再是农业产业化经营，一波接一波的农村改革浪潮，使身处变革激流中的静感到了从未有过的压力。静原来中专的那点文化和技术底子捉襟见肘，越来越难以满足生产技术的需求。当一场历史性、社会性的变革到来时，把许多像静这样的技术员淘汰掉了，而新一代具有高等教育学历的技术人才一批一批地走过来。

面临这样的境况，她决定自考，以弥补自己的不足。人生的目标定下了，就得朝着它奋进。可是，在这个过程中，她遇到了很多问题，比如，如何处理学习和照顾子女的问题，那段时间她忙得焦头烂额，还有单位同事的嘲笑。只有丈夫理解她，让她专心学习，不要在乎面临的困难。刻苦的学习必定有收获，1999年，她取得了农业推广自考专业大专学历。而后，她又参加了一所师范大学举办的在职研究生课程班，专攻“政治学理论与实践”研究，2001年结业之后，她参加了计算机和外语培训学习，2003年参加全国成人高考，以优异的成绩被国内一所著名的农学院录取，进入园艺专业本科班学习。这些让她获得了丰厚的回报，毕业不久，她就走马上任当上了她所在市的农业局副局长。

没有信念和追求的人生是枯燥乏味、毫无意义可言的，假如静在当初满足于一个农技员的工作，不重新为人生制定目标，或许她还是当初那个农技员，也或许她已经被时代和社会淘汰了，因为有自己的目标，她把出现的困难搁置在一边，努力过后，这些问题也就烟消云散了。她是一个平凡的女人，一个平凡的农技员，但她却因为有不甘落后的人生目标，于是她成就了自己不平凡的人生。

年轻人应该有所抱负，为自己定制一个人生目标，然后为这个目标不懈地奋斗，当然，人生目标的实现并不是像伟人一样，有为世界和人类造福的成果，一个平凡的人生目标也一样孕育着伟大的精神，也一样让人肃然起敬。

大连市公共汽车司机黄志全，在行车途中突然心脏病发作。在生命的最后一分钟里，他用最后的力气做了三件事：把车缓缓地停在路边并拉下手动刹车闸；把车门打开让乘客安全地下了车；将发动机熄灭确保了车和乘客的安全。做完了这三件事，他趴在方向盘上，停止了呼吸。

或许，他的人生目标就是为了方便乘客，安安全全地把乘客送往目的地，在生命的最后一刻，他还不忘自己的职责，用最后的力气完成了人生的最后一次出行，这就是信念的支撑作用，更是一种责任，这种精神可歌可泣。

人的一生不可能没有失败和挫折，但失败和挫折并不可怕，可怕的是没有信念和目标的支撑，没有生存的意义，平静的湖面练不出优美的水手，安逸的环境造不出时代的伟人，困难磨炼的是一个人的意志和心态。年轻人做好自己的定位，找准自己的目标，即使平凡，你一样可以走得伟大！朝着目标扬帆远行，海上的风风雨雨不必在乎，终点就在前方！

看清自己的价值，才能发挥出你的最大价值

歌德说："决定一个人的一生，以及整个命运的，只是一瞬之间。"这个决定就是目标。人的一生有太多的抉择，但是否抉择了正确的路，往往关系到人生的成败。小鸭从不介意飞不高，因为游泳它很在行。一位哲人曾说过："一个人所成就的事业，必然是这个人的特长，舍长取短是天下最愚蠢的人才干的事。"这句话告诉为理想而奋斗的二十几岁的年轻人，不要为自己的人生订立不擅长的目标，发挥自己的专长，看清自己的优势，利用优势往往更容易获得成功。

缺点往往阻碍年轻人前进的步伐，影响年轻人前进的进度，所以，年轻人需要看清自己的优势，发挥自己的优势，创造自己的优势，只有

前进动力够强，速度才能快起来。避短固然重要，但更重要的是扬长，这才是成功的根本。改缺点就好比是修公路，道路修好了的确能让车子行驶得快一些，但是，如果车子的性能没有发挥好，那道路修得再好，前进的速度始终是快不起来的。而优势就好比是车子，把车子的性能调好，让它的行驶马力加大，这才是高速、高效的最佳保证。

用心观察那些成功的人，无不是脚踏实地利用自己的优势成功的人，这也是一种智慧。所以，年轻人在为自己设定目标的时候，要根据自己的优势来定，然后利用自己的优势，发挥自己的专长，这样，人生才会少走弯路，成功也更有把握。

一个人只有擅长做某件事，才能将自己的价值最大化，才能更容易走上成功的路。一个人假如一直在为一件自己根本不擅长的事努力着、奋斗着，他就是在一直重复着错误，就会与真正的成功背道而驰，成功也只会越来越远。

正确的路走起来才更顺畅，年轻人在奋斗之前，要看清自己的优势，才会少走很多冤枉路，目标的实现才会更容易。

“让高雅大众化”这个词曾一度风靡世界。在法兰西文明中，有四个名称的知名度最高、地位最突出，即埃菲尔铁塔、戴高乐总统、卡丹服装和马克西姆餐厅。这其中，皮尔·卡丹一人竟然占了两项，即服装和餐厅。这就是说，卡丹成了法兰西文化的突出象征。皮尔·卡丹先生绝对是一个传奇人物。

其实，皮尔·卡丹曾经最钟爱的是艺术，他从小就喜欢舞蹈，可是因为家境贫寒，他根本上不起舞蹈学校，后来他被父母送去一家缝纫店当学徒工，希望他学成一门手艺后能帮家里减轻点经济负担。后来，他写信给当时有着芭蕾音乐之父美誉的布德里，希望他可以收自己做学生，可是布德里拒绝了。他便想为艺术献身，跳河自尽。

很快，皮尔又收到了布德里的回信。皮尔以为布德里被他的执着打动，答应收下他这个学生了，但是信中却并没有提收他做学生的事。只是讲述自己的人生经历。布德里告诉皮尔，在他小的时候，很想当一名科学家。可是因为当时家境贫穷，父母无法送他上学，他只得跟一个街头艺人过起了卖唱的日子。最后，他说，人生在世，现实与理想总是有一定距离的人，首先要选择生存。只有好好地活下来，才能让理想之星闪闪发光。一个连自己的生命都不珍惜的人，是不配谈艺术的。

布德里的回信让皮尔猛然惊醒。后来，皮尔努力学习缝纫技术，二十三岁的那一年，在巴黎他开始了自己的服装事业。很快，他便建立了自己的公司和服装品牌，也就是如今举世闻名的皮尔·卡丹公司。

由于皮尔一心扑在服装设计与经营上，皮尔·卡丹公司发展迅速，皮尔在28岁的那一年就拥有了两百名雇员。他的顾客中很多都是世界名人。如今，皮尔·卡丹品牌不仅拥有服装行业，还有服饰、钟表、眼镜、化妆品等，皮尔·卡丹不但成了令人瞩目的亿万富翁，以他的名字命名的产品也遍及全球。

皮尔·卡丹在一次接受记者的采访时说：其实自己并不具备舞蹈演员的素质，当舞蹈演员，只不过是年少轻狂的一个虚幻的梦而已。如果那时他不放弃当舞蹈演员的理想，就不可能有今天的皮尔·卡丹。

皮尔·卡丹在听到布德里的劝导之后，开始醒悟，舞蹈只是他的一个梦，而自己并不具备舞蹈演员的素质，苦苦的追寻，不如实际点，发挥自己在缝纫技术上的才能，果不其然，他在这方面有着惊人的能力，并助他走上成功之路。

所以，年轻人不要执迷于自己根本不擅长的行业，要制订一个自己有优势的目标，专注于它，为之努力奋斗，成功就在不远的将来等待你！

第5章 走泥泞的路，才会看到更美丽的风景

大多数年轻人的失败，并不是因为缺乏智慧、能力、机会或才智，而是因为在追求成功时一再赶路而错过沿途美丽的风景。所以当生活中发生一些小插曲时，不要埋怨、不要心灰意冷，就算是失败了，也不要沮丧，那只不过是不断茁壮发展过程中的一幕，只要拥有积极的心态和足够的热忱去面对，生活的热土上将又是一片无限的生机。

勇于尝试，即使失败也胜于胎死腹中的策略

很多初入社会的年轻人，没有做事业的资本，没有广泛的人脉关系，要想闯出一片自己的天地是很艰难的。因而在社会的压力下，在成功人士耀眼的光环下，很多年轻人丧失了信心，即便有完美的点子和策略也不敢对人讲，更不敢付诸实施，怕失败、怕被人嘲笑、怕遭受打击。可是要知道，每个人都曾有过无数个第一次，每个成功者的背后都可能有无数次失败的尝试，即使是不成熟的尝试，也要强过胎死腹中的策略。这也就是人们常说的：尝试了至少还有成功的机会，而不尝试，你永远也不可能看到成功的大门向哪边开着。

我们都知道爱迪生发明电灯的故事，为了找到合适的材料做灯丝，他先后做了1600多种不同的试验，试用了各种各样的物质。后来，他全力在碳化上下工夫，仅植物的碳化实验就达600多种。经过3年时间，终于在1880年上半年研制出较满意的竹丝电灯，但是他并未满足，依然大胆进行各种尝试，最终制造出了震惊全球的钨丝电灯。试想，爱迪生若只是把找灯丝作为一种想法，而不付诸行动，恐怕我们到现在还在点煤

油灯；再者，若爱迪生找到几种比较满意的灯丝就停止尝试，那么我们今天随时随地都能享受到的光明也就不存在了。

所以说，尝试是破土而出的幼苗，看似力量微弱却可以突破头顶的土层，迎来阳光和雨露。尝试的力量不可估量，它是走向成功的第一步，是精彩大戏上演前必须拉开的帷幕。前方是未知的，只有不断地摸索尝试才有成功的机会；只有勇于尝试、坚持不懈，才会有成功的那一天。

曾经在电视上看到过这样一副画面：（这个故事是修改过的）

烈日下，一群饥渴的鳄鱼栖身于一片泥沼之中。已经一个多月没有雨水了，曾经广阔的水塘已经快要干涸，鳄鱼们为了残存的水源互相残杀、吞食着。然而又几天过去了，依然没有雨水注入的水塘已干枯得只剩些许污泥。面对这种情形，一只小鳄鱼勇敢地起身离开了池塘，它尝试着去寻找新的生存的绿洲。其他鳄鱼呆呆地看着它，似乎它将要走向一个万劫不复的地狱。然而当池塘完全干涸了，唯一的大鳄鱼也耐不住饥渴而死去了的时候，那只勇敢的小鳄鱼经过多天的跋涉，幸运地在半途中找到了新的栖身之所，也在这片干旱的大地上，等到了雨季的再次来临。

尝试需要无畏的勇气，大胆的尝试才能得出独一无二的结果。小鳄鱼勇敢地尝试，换回了自己一条鲜活的生命，如若不然，想必它也难逃丧生池塘的厄运。可见，勇于尝试的精神很重要。

当然，勇于尝试并不仅是精神上的，还需要身体力行，切实地实施到每一个行动上面。光有勇于尝试还不够，还需要坚持尝试，就是说，跌倒了再爬起来，一次又一次，不气馁、不抱怨，这样才能真正地迈向成功的彼岸。

刘明从学校毕业后，一直干劲十足，总想做出一番让人刮目相看的事业来，一则体现自己名牌大学生的价值，二则光宗耀祖，成为让人羡慕的人。然而接触到实际的工作之后，他总觉得自己有所欠缺，做任何事都没有十足的把握，因此很多任务他都不敢主动接手，也不敢承担一些棘手的工作。久而久之，上司也认为他不适合做大事，所以只交给他一些简单的工作，他成了公司里打杂的人。就在他为自己的工作苦恼不已时，公司派了一位新上司接任原来上司的工作，新上司对刘明说：“不要给自己找任何理由和借口，没有事情是要等到十拿九稳才去做的，不开始永远不会有结果，那么你只会一事无成。行动吧，大胆地尝试，失败也是一种收获呀！”听了这番话，刘明开始认真反思并努力工作，不久便成为这家公司最优秀的职员。

年轻人做事，像刘明这样畏首畏脚、对自己没有信心的人很多。他们不是没有能力，而是不敢跨出迈向成功的第一步。俗话说，“没有尝试，就不知道问题在哪里”“不经历失败，就不能进步”，任何一种不成熟的尝试，都要强于胎死腹中的策略，不做就永远没有成功的机会。

年轻人经验少，就更需要不断去尝试，在尝试新的未曾做过的事时，才能有新的突破和发现。很多人，不敢学游泳，不敢走夜路，不敢上课提问，更不敢上台演讲，这种种不敢其实都是自己给自己设下的无形的障碍！也正是这种无中生有的障碍，使自己裹足不前，错过了许多好机会。要记住，在尝试新事物的过程中肯定有输有赢，但你如果什么都不敢做，那就是自动投降，就会一输到底。

法国有句名言：“一个生平不干傻事的人，并不像他自信的那么聪明。”因为，不愿意冒任何风险，不愿意尝试任何新事物的人，他们的生活很难有新的突破和发现，甚至很难遇见新的机遇。只有在不断的尝试中，我们的智慧才能得到增长，我们的能力才能得到提升，我们的人性才能得到升华；只有不断地尝试，我们才能攀上一个又一个人生的高峰。

一辈子认认真真做好一件事，就没有白过

不管是动物捕猎还是人类劳作，都要有一定的目标作为参照物，只有有了目标，人们才知道该做什么，该怎样做，要多久能够做好，也只有了解了这些，年轻人才能把握住自己的人生。

当然，对于时下二十几岁的年轻人来说，并非有了目标就可以完成自己的梦想，只有你全心全意认准一个目标并为之奋斗，无论如何都不动摇，善始善终地朝着既定的目的地前进，才能成就自己当初的梦想。如果一看到什么新鲜东西就改变自己的目标，那么你可能不只是偏离自己已定的轨道，很可能会绕个圈子回到原点。即使你没有反复改变目

标，只是被其他东西吸引，对自己的目标产生怀疑和改变的想法，也会牵绊住你向前的脚步，羁绊你奋斗的信心。

二十几岁的人还过于年轻，身上还有着这样、那样的缺点，而其中存在的一个共同的悲哀就是：今天是这样一个目标，明天是那样一个目标，后天又是一个目标，目标游离不定，最后一事无成。在这一点上，年轻人应该向非洲草原上的豹子学习，应该学习非洲豹子的精神，把那只最初追逐的羚羊作为自己始终追求的目标，并最终让它成为自己手中的猎物。

年轻人如果有了一个目标，就要坚定不移地、全力以赴地去完成它，有了这样的精神，相信任何人都可以实现自己的梦想。

是的，一个人，一辈子只要做一件好事，就没有白过。这样目标明确又坚定的人怎么能不成功呢？这句话也可以这样说：一个年轻人，一辈子只要认认真真做好一件事，就没有白过。

有着坚强意志的人，在社会中一定能够占据重要的位置，并为他人所敬仰。他的言语行动，表现出有定力、有作为、有主见、有生命、有目标，而又必求实现其目标。他坚定地朝着目标前进，就像疾驰的箭奔向箭靶的红心。在这样一种意志之下，一切阴影都会消逝。目标的认清，意志的坚定，从这中间可以生出一种使人成功的力量。

年轻人要在心中决定一个中心意志，寻觅到最高的生命理想或目标，并且觉得不能不实现，必须实现而后已；不论怎样费力、费时，也仍然不会放弃追求、停止努力。就像为一壶水持续不断的加热，总有让它沸腾的一刻，若是中途停下，或是转为为另一壶水加热，那么最初的那一壶可能永远都没有沸腾的机会了。不要让人生这壶水停滞在九十九度，不要让我们的生命因为这一度而遗憾，认定它，就坚定的努力让它沸腾吧！

现在开始，永远不晚

古语道，“亡羊补牢，犹未为晚”。这就是说，牧羊人发现自己丢了羊，及时采取措施，阻止了更大的损失。“晚”是相对的概念，有早才有晚。牧羊人补牢之“晚”是绝对的，因为既然丢了羊，他的行动是在这之后采取的，这就叫“晚”。但相对于迟迟不补的做法，他显然又早了一步，这便是“永远不晚”的意义所在。

很多已经步入社会的年轻人，觉得自己上学的时候没有好好读书，现在后悔不已，然而毕竟已经踏入社会，每天要忙于工作和养活自己，虽然知道应该及时充电，却总是以种种借口搪塞自己，或依旧在是否要报名充电的路上徘徊。

日语班里来了一位老者。“您是给孩子报名的吗？”登记员问他。老人回答说：“不，我自己。”登记员愕然。老人解释说：“儿子在日本找了个媳妇，他们每次回来，说话叽里咕噜的，我听着着急。我想同他们交流。”“您今年高寿？”“68。”“您想听懂他们的话，最少要学两年。可您两年后都90了！”老人笑吟吟地反问：“姑娘，你以为我如果不学，两年后就66了吗？”

老人学与不学，两年以后都是70岁，然而，一个能开心地和儿媳交流，一个依然如木偶一样在一旁呆立。有了开始就有了成功的希望，没有开始就永远没有成功的可能！事情往往如此，大家总以为开始太晚了，就因此放弃。殊不知，只要开始，就永远不晚。无论是二十几岁的年轻人亦或是晚年迟暮的老人，都是按照岁月的年轮在前行，然而不同的是，有人主动站起来朝着自己的目标在走，而有些人只是木然地躺着，全然不知自己想要怎样的人生。这就是为什么有人年纪轻轻就可以取得人生的大丰收，有人活了一辈子却依然是空白的原因：不曾开始永远不会有成功。

我们常常在想有一天要去做什么、学什么，可是始终没有开始，就觉得好像已经来不及了，已经太老了、太迟了。“好像来不及了”这种借口太糟糕，一直在阻碍着二十几岁年轻人向上的脚步，不是没有能力，而是借口太多。人生其实很难可以学会些什么、可以拥有些什么或追求些什么，所以千万不要画地自限，尤其是现在人类的寿命又增长了，不要说我已经怎样了，所以已经不能如何了，只要及时开始，人生随时都会有很多收获。任何事情只要你开始去做，永远都不会太迟。你只要去做了，总比没做好。

你已经二十几岁了，已经走过了人生四分之一的路程，所以你应该赶快开始，千万不要蹉跎岁月。如果你想做一个你想了很久的工作，你想开一个你很想开的店，如果你不去开始，那个梦想永远都实现不了，到了临终的那一天你还躺在床上遗憾，当年没有去做什么、没有去学什么，那你何不从现在就开始呢？只要开始，不管成败与否，至少对自己有个交代，我总算努力过了，我的年轻时代总没有遗憾，总是有所回忆的。

曾经看到过这样一个故事：

美国老人哈里·莱伯曼74岁退休后，常去一所老人俱乐部下棋，消磨晚年时光。一天他又去下棋时，女办事员告诉他往常那位棋友因身体不适，不能前来陪他下棋了。看到老人一副失望的样子，热情的女办事员建议他到画室去转一圈，还可以试画几下。老人听了哈哈大笑："你说什么，让我作画？我从来没有提过画笔。"

然而在女办事员的坚持下，莱伯曼还是来到了画室。那一年，莱伯曼80岁，第一次摆弄起画笔和颜料。回忆起这件事，老人感慨地说："这位女办事员给了我很大的鼓舞，从那以后，我每天去画室。我又重新找到了生活的乐趣。退休后的6年，是我一生中最忧郁的时光，没有什么比一个人等着走向坟墓更烦恼的事了。"从事一项活动，就会感到又开始了新的生活。

提起画笔后，他全身心地投入，进步很快。81岁那年，老人参加了一所学校专门为老年人开办的10周补习课，第一次学习绘画知识。第三周课程结束时，老人对任课教师、画家拉里·理弗斯抱怨说："您对每个人讲这讲那，对我却只字不说。这是为什么？"理弗斯回答说："先生，因为您所做的一切，连我自己都做不到，我怎敢妄加指点呢！”最后，他还出钱买下了老人的一幅作品。

从此，老人更加勤奋了，对绘画倾注全部的热情。4年后，老人的作品先后被一些著名收藏家购买，并有不少进了博物馆。美国艺术史学家斯蒂芬·朗斯特里评价莱伯曼是“带着原始眼光的夏加尔”。

当莱伯曼101岁的时候，这年的11月，洛杉矶一家颇有名望的艺术品陈列馆举办了题为“哈里·莱伯曼101岁画展”的展览。400多人参加了开幕式，其中不少是收藏家、评论家和记者。在开幕式上，莱伯曼对嘉宾们说：“我并不认为我有101岁的年纪，而认为我有101岁的成熟。我要向那些到了60、70、80或90岁就自认为上了年纪的人表明，这不是生活的暮年。不要总去想还能活几年，而是想还能做些什么。着手干些事，只要开始，永远都不会太晚，这才是生活！”

二十几岁的年轻人要记住，生活就是这样：如果你愿意开始，认清目标，打定主意去做一件事，而且全力以赴、坚持不懈，那么永远不晚。如果必须等待，那就等待；如果必须全力以赴，那就全力以赴；如果必须坚持不懈，那就坚持不懈。二十几岁的人还很年轻，比起莱伯曼有着更多的资本，永远不要以时间为借口，永远不要忘却更美好的明天。苏格拉底临终前，还跟他的弟子若无其事地讨论问题；圣伊格拿修虽然已经上了年纪，但还跟他的弟子们坐在一起，因为他需要而且希望学习。

“晚”之于成功，恰如挥一鞭之于千里马。“晚”让人感到紧迫，让人感到焦急，让人感到痛苦，也因此给人以决心、给人以力量、给人以耐力。然而在一鞭打到身上的火辣辣的兴奋之后是飞奔向前还是继续酣眠，就是二十几岁的年轻人不得不面临的抉择了。

二十几岁的年轻人就像一匹四处乱撞的千里马，而千里马跨出的第一步是它追上前方对手的基础，有了第一步才会有许多步的超越，好比数列需有首项，才有递推公式。只要千里之行始于足下，就有希望的所在。千里马不跨第一步，与驽马无异，你的彷徨、犹豫甚至气馁，只会让你落后乃至失败。是做一匹真真正正的千里马还是由千里马堕落为驽马，二十几岁的年轻人，你应该会自己选择！

充满信心，坚定不移地为实现目标而奋斗

很多年轻人做事喜欢雷厉风行，认为速度决定一切。不可否认，效率是非常重要的，时间不等人，只有在最短的时间做最多的事，你才有可能从众多的竞争者中脱颖而出，找到属于自己的位置。然而，人生的路上却并非如此，很多时候，光有速度，单是一个劲儿地向前冲是不行的，因为不论是成功或是完成梦想都需要机会的降临，在等待机会的时候年轻人需要耐心；在机会来临之后，在通往成功之门的路上年轻人依然需要耐心。在这条充满希望的梦想之路上，最大的阻碍不是道路的崎岖和环境的恶劣，而是要有一颗坚定而执著的心。

永远不要听信那些消极悲观看问题的人，因为他们只会粉碎你内心最美好的梦想与希望。要牢牢记住你听到的充满信心的话语，因为所有你听到的或读到的话语都会影响你的行为。而且，最重要的是：当有人告诉你，你的梦想不可能成真时，你要变成聋子，对此充耳不闻，要总是想着：我一定能做到。所以说“天下之事在人为，决不可以一时之波澜遂自毁其壮志”。

二十几岁的年轻人大都不愿意等待，等待中的人会有一种莫名的烦恼，这种烦恼中含有对他人的怨恨、对生活的焦躁。很多时候，年轻人不是没有时间等待，不是不能继续等待，而是因为内心没有坚定的目标，只能感受到等待给你带来的焦虑。

有一个书生骑着骡子由书童挑着书陪他进京赶考，路过一个村子时，有人在背后指指点点：“瞧，这个书生骑着骡子赶考。”书生把骡子送人了，自己和书童去赶考。走了一段，又有人说：“瞧，这个书生带着书童去赶考。”于是，书生把书童辞了，自己挑着书去赶考。一会儿，又有人说：“这个书生自己挑着书籍去赶考。”书生听了丢下书籍什么也不要了，最后，他身无分文，沿途乞讨。看到他的人又说：“看，这个书生什么也不带，还进京赶考呢！”书生听了之后后悔不已。

这个书生听到别人议论自己的一句话，就做出一项决定，仿佛自己活着就是为了满足别人的议论一般。这也从另一方面表明了这个书生对自己的极度不自信。一个不自信的人，怎么能意志坚定地追求自己的目标呢？当然，如果你真的不能摆脱不自信的困扰，那么就选定一个小目标，并且坚定地实现它，相信结果会使你重拾自信。

小目标决定生存状态，大目标决定生存态度。有小目标缺乏大目标容易迷失，有大目标而缺乏具体目标容易懒惰。社会发展变化造成不安定，但产生了更多的机会。竞争越激烈，越容易集中短期目标。克服长久置身于激烈竞争状态的途径是超越自我，能够超越自我的年轻人，别人无法与你竞争。因为你的目标远远大于别人的目标，你的信心也就无限了。

人生道路布满了荆棘，有着各种各样的挫折。年轻人走在这条崎岖的道路上，如果没有坚强的意志，那么将不会得到真正的人生。如果一个年轻人有足够坚强的意志，即使遇到挫折和失败，也不会停下来，跌倒了爬起，又跌倒了再爬起，那么不久你将听到人们对你“有为青年”的称赞。

二十几岁的年轻人要对自己的目标充满信心，要坚定不移地为了实现这个目标而奋斗。心中只有目标，始终向着目标攀越，即使别人全都失败了，你也能像那只聋子青蛙一样，成为唯一的成功者。为此，为了我们的目标，为了我们的希望，在前进的路上，不妨当个聋子！

做自己擅长的事才会更快地成功

比尔·盖茨曾经说过这样一句话：“做自己最擅长的事。”这句话很清楚地告诉时下的年轻人，只有做自己擅长的事才会更快地成功。

富兰克林也说：“有事可做的人就有了自己的产业，而只有从事天性擅长的职业，才会给他带来利益和荣誉。一个人做自己最擅长的事，是获取成功的一大法定。只要做自己最擅长的事，才能在众多年轻的生命中脱颖而出。”

许多成功人士之所以能够成功，首先得益于他们充分了解自己的长处，根据自己的特长来定位或者重新定位，最终找准了真正属于自己的位置。然而生活中，很多二十几岁的年轻人对自己的长处认识得还不够充分，还有很多人在生活中会不假思考地运用自己的特长，反而更容易忽视它们，不知道它们对自己有多么重要。这种人的失败，在于没有找准自己的位置，丢了自己的长处，而用了自己的短处。

做人一定要自信，千万不能自卑，否则什么也不是。自己的长处是帮助自己取得成功的最好工具。如果一个年轻人对自己的长处了解不够，所处位置不当，他就永远不会有所建树；反之，如果找到自己的长处，就会挖掘出自己无限的潜能，更容易取得成功。

只有当一个人选择了适合他的工作，找到了适合自己的位置时，才有可能获得成功。就像火车头一样，它只有在铁轨上才是强大的，一旦脱离轨道，它就寸步难行。

尺有所短，寸有所长。作为二十几岁的年轻人，你也许兴趣广泛，掌握多种技能，但所有技能中，总有你的长项。唯有利用自己的长处，才能给自己的人生增值；相反，利用自己的短处会使自己的人生贬值。

如果你用心去观察那些成功的人，就会发现，他们几乎都有一个共同的特征：不论聪明、才智高低与否，也不论他们从事哪一种行业、担任何种职务，他们都在做自己最擅长的事。很多人往往一时很难弄清楚自己的优势所在，这就需要你在实践中善于发现自己、认识自己，不断地了解自己能干什么、不能干什么，如此才能取己所长、避己所短，进而取得成功。

不过，你就算给自己定位了，如果定位不切实际，也不会取得成功。因此，年轻人一定要记住，在给自己定位时，有一条原则不能变，即无论你做什么，都要选择你最擅长的。只有找准自己最擅长的，才能最大限度地发挥自己的潜能，调动自己身上一切可以调动的因素，并把自己的优势发挥得淋漓尽致，从而获得成功。

积少成多，梦想是一点一滴拼凑而成的

每个人都有梦想，尤其作为青年人，理想和抱负是远大的，就像

小时候我们经常梦想着当科学家、宇航员、钢琴家或者诗人一样，我们总是梦想着将来如何美好，却从未想过，自己是否有能力去实现那样的梦想。

虽然说成功是由一点一滴的积累和进步拼凑而成的，但这一点一滴却是要从身边触手可及的地方开始着手，才能做到最后的积少成多。

有时，某些人看似一夜成名，但是如果你仔细看看他们的历史，就知道他们的成功并不是偶然得来的，他们早已投入无数心血，打好坚固的基础了。那些暴起暴落的人物，声名来得快，去得也快。他们的成功往往只是昙花一现而已，他们并没有深厚的根基与雄厚的实力。

但是，年轻人的梦想有些会成真，有些则会渐渐消失或改变。在你的人生中，你可能必须放弃一到两个梦想。可是你这么做的时候，其他的机会又会展现在你面前。

在很小的时候，威廉便梦想成为一位名作家，妻子对他的信心令他十分陶醉。妻子白天做秘书，晚上做裁缝师来维持日常生活，而威廉则夜以继日地创作他的第一本诗集。

威廉倾尽全力从事写作，等到完成时感到非常自豪。他本想向全世界描述自己内心深处的梦想、希望和欲望，却发觉这个世界对此嗤之以鼻。他被退稿12次之后就完全麻痹了；等到被拒绝了24次，他坐在后院凉亭，重新评估人生目标的优先次序。

威廉开始想到妻子想要住一栋红砖屋的梦想。以当时的财务状况而言，他们似乎永远达不到这个梦想。还好，后来威廉在一个广告公司担任一个职位，他们竭尽所能节省每一分钱，不久便足够建筑他们的家园。

从某种意义上说，威廉放弃了成为诗人的梦想，而迁就于另一个比较小的梦想。然而，每当他看到妻子坐在门廊里缝制衣服，向邻居挥手致意时，他就觉得成为诗人未必就是个值得追求的伟大梦想。

威廉的经历告诉我们，当现实与梦想存在着巨大的距离的时候，你应当保留梦想，服从于现实。许多年轻人常犯同样的错误，对生活提供的巨大的财富，只能收获到一点点。尽管未知的财富就近在眼前，他们却得之甚少，因为他们一心盯着梦想的气球，对身边的果子却视而不见。

一个年轻人竭尽全力去做一件事而没有成功，并不意味着他做任何事都无法成功。要是他选择了不适合自己天性的职业，这就注定难以成功。莫里哀和伏尔泰都是失败的律师，但前者成了杰出的文学家，后者成了伟大的启蒙思想家。

世界上有半数的人从事着与自己的天性格格不入的职业，因此失败的例子数不胜数。在职业生涯的选择方面，要扬长避短。西德尼·史密斯说："不管你擅长什么，都要顺其自然；永远不要丢开自己天赋的优势和才能。"

那些已经有了足够阅历的人都知道，人生经常会有一些有趣的反差。当你一心立大志、成大事的时候，很可能终其一生也两手空空；当你暂时收起了雄心壮志，从身边的小事开始行动时，反而会柳暗花明，出现意想不到的好机遇。

年轻人，不管你的梦想多么高远，先做触手可及的小事。你朝目标迈进的每一步都会增加你的快乐、热忱与自信。每天努力工作，你就会逐渐在心中激发出你相信每件事都会成功的绝对信心。每天的进步能让你去除恐惧、践踏怀疑。你会从积极地思考进展成为积极地领悟，没有一件事情可以阻挡得了你。

在困难中执著，不抛弃不放弃

什么是执著？有人说是水滴石穿，有人说是永不放弃，的确量变是可以引起质变的，虽然我们并不知道是多大的量，往往也抱定信念，把某件事情坚持下去。执著的精神是成功的润滑剂，有了执著，成功往往就会容易很多，一个人想要成就大事业也必须有执著的精神。

二十几岁的年轻人，做事情需要有一点点的执著、一点点的智慧和更多的创新。成功往往就是走前人少走的路，多思考、多实践、多总结。用积极的心态、用坚持去做事情。

看过电视剧《士兵突击》之后，很多人记住了执著的许三多，很多人记住了“不抛弃，不放弃”的精神。作为二十几岁的年轻人，应该做到在最艰难的时候，即使没有人看好你，但是，只要认准了就不放弃，更要给自己加倍的信心，耐得住更多的寂寞，不要停，做下去，下一个成功就会在那里迎接你。年轻人需要互相鼓励，需要激情的迸发，更需要勤奋。从现在起与志同道合的朋友一起肩并肩、手牵手，过无悔的青春、无悔的人生。

年轻人大都好面子，有不少人喜欢谈成功的经验，而不喜欢讲失败的教训。因为谈起经验面上有光，而说到教训总感到心中有愧。其实，教训大可不必讳言，它与经验同等重要，应该引起年轻人的重视。

据一项心理学统计，一个普通的人可以忍受被拒绝和失败的次数通常以三次为限，但是一个成功的人，他可以忍受失败的次数，应该是几次？答案是：无数次！“只要功夫深，铁杵磨成针”，执着的故事激励人们要坚持不懈，执着成就了李白、王安石等大文豪。一位著名的科学家在获奖时，记者问他最要感谢的老师是谁，他说是执着。执着是全世界人民共同的导师，缺少执着是人类共同的敌人。

美国最伟大的总统林肯坚信：“上帝的延迟，并不是上帝的拒绝。”成功就是屡败屡战，然后从每一个失败中学习，把每一次的失败经验，当成自己下一次成功的资本。就像爱迪生在发明电灯时，他虽然试了1万次不同的材料做灯丝都失败了，但他并未气馁，他说，经由这1万次的实验失败，我已经知道有1万种材料不适合做灯丝。换言之，之前的每一次失败，都让爱迪生越来越接近成功。

所以对于二十几岁的年轻人来说，失败并不可怕，如果你能用乐观的心态、思考的眼光看待失败，失败就是一种宝贵的人生资历。反而是那些一向顺风顺水的人，一点吃苦的经验也没尝到，一点挫折感也没有，一遇到挫折和难关，便容易一蹶不振。

二十几岁的年轻人正处于人生的尝试阶段，所以失败在所难免。我们需要记住先哲的一句话："生命中的每个失败，每个伤痛，每个打击，都有其意义。当你正视失败，并把失败看作是成功的基石时，成功就会莅临在你头上。"

第6章 年轻就是资本，生命旅途充满无限可能

有人说，青春在被不断激励后会开出鲜艳的花朵，牢记一个个铿锵有力的座右铭，只要我们勇于选择自己喜欢和适合自己的事业，敢于坚持自己要走的道路，坚持不懈，不畏失败。拓展人脉，内外兼修，最终就能实现自己的梦想。谁敢说你不是下一个成功者，因为年轻，一切皆有可能。

卓越者在大多数人之外

一个人想要成功，就要走与他人不同的路，就会有人不理解你，误解你，甚至亲人也会反对你，不支持你。这时，你是放弃自己的梦想，顺应他人；还是坚持自己的想法，相信别人到最后一定会理解你？有一句话说得好“走自己的路，让别人说去吧”。

大部分二十几岁的年轻人，喜欢特立独行，如果把这种精神运用在获取事业的成功上，就是一种积极的做法，就是值得鼓励的。若只是服装上的奇装异服和行为上的诡谲，就是一种幼稚的表现。

大多数卓越的人，在成功之前，都遭遇过他人的误解，遭到过嘲笑和白眼。可是一旦他们取得成功，大家就会忘记曾经的嘲笑，转而钦佩起他们来。要知道，成功是解决一切的最好方法。

有一个部门经理，每月有六七千元的收入，也有一定的社会地位，但他看到了出租自行车给外国人的巨大商机，于是决定创业。但他选择的地方，就在自己公司的办公楼下，随时可能遇到上班的同事、上司，其中不乏自己的老同学。但他没有犹豫，一确定了自己的想法，第二天就向公司递出了辞呈。他说，最难熬的是第一天，他守着几百辆自行车，很多人都以为他沦落成街头看自行车的，还有同学好心地要给他介绍一份好一点的工作，那时他特别尴尬，脸面上十分挂不住。但想到自己的雄心壮志，还是忍了下来。不久，他获得了成就，成为一个老板，他到处雇人帮他租车，开出的月薪是普通行业的几倍，而且也不需要更多的技术，但还是雇不到人，不是因为薪水少，而是因为大家放不下面子。他只好找那些到外地打工的人为自己工作。自己则到处考察别的适合做这个生意的地方。就是因着这个小生意，最终他获得了巨大的成功，成为同事、朋友们津津乐道的成功人士。他说幸亏他当初不顾家人的反对、众人的嘲笑，坚持了下来，否则哪有今天的成就。

想要获得成功是要付出代价的，其中的一个代价，就是众人的误解。事实上不管你是不是想要成功，都会遭到人们的议论。人嘴两张皮，这世界上最信不得的就是蜚短流长。明白了这些，你就会对人们的议论置之不理，一心想自己的目标。成功可以表明一切，可以让众人明白，你当初的选择是对的，用成功去证明自己才是阻止议论的最有效的方法。

面对议论，我们要泰然处之，既不要夸大了议论的作用，也不要小看了流言的压力。曾子未曾杀人，然三人谣言，连曾母也相信了、畏惧了。我们要顶得住议论的压力，不是轻易就可以做到的。但只要我们相信自己是正确的，就应该坚持自己的想法，无论别人说什么，都不为所动，我们才能实现自己的梦想。

有很多人失败不是因为他能力不够，而是因为他性格软弱、容易动摇，一旦别人否定他的想法或做法，他就会觉得自己可能错了，而这时一旦遭遇挫折，他就会退却。这正是一种不自信的表现，听信片面的劝告有时正意味着失败，有时成大事就需要坚持到底的精神。只听信他人的意见，而不能自己做出判断，就会摇摆不定，是成大业的大忌。年轻人经验不足，要听取他人的意见，但更要有自己的判断，不能偏听偏信，更不能怀疑自己获得成功的可能。没有人可以击垮你的自信，除了你自己。关键时刻，怀疑自己就会让一个人功亏一篑。如果你确认自己的行为是对的，就要坚持下去，绝不动摇，不要听取负面的语言，那些否定你的语言会让你退缩，让你失败。我们都知道，对于小孩子的奇思妙想要学会鼓励，学会夸赞，而不是批评。在小孩子眼里一切皆有可能，我们也要不断地鼓励自己，让自己明白，对于自己的人生来说，也是“一切皆有可能”，不要让任何人偷走你的梦想。

我上小学时的一个数学老师经常说，你这辈子的数学别想学好了，结果我们班的数学成绩往往是最差的。我们的语文老师却常常夸奖我们做得好、有创意，即使在我们做不好或作文没思路的时候也会千方百计地启发我们去做好。结果，所有的学生都很喜欢语文课。英语老师则在第一节课上，就在黑板上写下：世界上只有痛苦的人和快乐的猪。结果我们一提到英语，就会和痛苦、乏味联系在一起，尽管我们的英文都不错。

我们上学的时候，往往最信任、最尊重老师的意见，因此，他们说什么我们都容易相信，这就会变成我们的潜意识，不断地影响我们。走上社会后，大家容易听信上司、同事的话以此来博得他们的认同，因此，周围人对你的评价绝不会对你毫无影响。很多小时候的天才正是不断被人们怀疑的评论扼杀，变成了平凡人。也有很多人因为亲人的信任和鼓励，变成了卓越的人。我们不能改变别人对我们的评论，却能够控制自己对别人评论的态度。当你面对“你以为你是谁”“你只是个穷人的孩子”“你不能”“你做不好”这些会影响到你的评论时，你要听而不闻，保持好的心态。你不能同他人吵架，却可以在他说一句“你不行”后，自我肯定一句“我一定行”“我会证明给你看我能成功”。这样我们就会不断坚持自己的想法和做法。

“走自己的路，让别人说去吧。”年轻人一定要坚持自己正面的想法，不轻易接受负面的评论，不受别人负面看法的影响。

找到一条真正适合自己的方向和成功路径

你是怎样选择自己的事业、婚姻、朋友以及你所需要的一切呢？你遵循哪些标准呢？有些人无论选什么都要最好的。学校要进最好的；行业要选最热门的；工作单位要进世界五百强；女朋友要选最漂亮的；车要选最贵的；甚至连消费品也要选择最贵的。正像最贵的不一定是最好的一样，最好的也不一定是最适合你的。

大多数二十几岁的年轻朋友，都有攀比的心理。你的工作薪水高，我的要比你的更高、更好、更有社会地位。殊不知正是这种攀比的心理浪费了多少青春资源，浪费了多少宝贵时间。为了得到最好的，不惜放弃自己最擅长、最爱好的工作。这种悲剧比比皆是。

我的一个好朋友，非常喜欢哲学，也很擅长写作，本来在一家媒体主持一个心理专栏，但3年前，他重新考取了管理专业，决定在商场上大展身手。但他的性格并不适合从商，那些商业名词把他折磨得面容憔悴，那些复杂的人际关系弄得他焦头烂额。不久前他终于转行了，回到了自己最喜欢的媒体专业，当然，他也不是全无收获，他同时主持了一个财经专栏，很受大家的喜欢。但理论就是理论，与实践不同，他写得很好，但让他实际从事商业工作，那是他力所不能及的。

著名才女作家三毛说“婚姻就像鞋子，合不合适，只有脚知道”。同时，有很多东西也是这样，是不是适合你只有你自己才知道。对于工作，我们要尽力而为，也要量力而行。一个人总有自己擅长的，也总有自己不擅长的。所有行业，也必有热门和冷门，有时候选择自己不适合、不擅长的热门就是在给自己找麻烦。既是热门必是人满为患，如果你再不擅长，必会被挤出门外。反而在自己擅长的冷门中也许正暗藏玄机，不久就会变成新一轮的热门。所以我们选择的时候，不要看它是不是好的，只要看它是不是真正适合自己的。

人们对于成功的定义见仁见智，所以只要是在适合自己的位子上，做出了自己能够达到的最大贡献，就可以看作是成功的。

唐太宗在游园的时候，看到了一棵不认识的树，于是问身边的丞相魏征："这是什么树？"魏征回答不知道，这时他身边的太监回答了皇帝，并讽刺地说："素闻魏大人学识渊博，能言善辩，往往在朝堂上辩驳得皇帝也说不出不同的意见来，今天怎么连一棵树也认不出来呢？"皇帝素日接受魏征的劝谏，听到这番话，对魏征的能力产生了怀疑。魏征回道："孟子《师说》云'弟子不必不如师，师不必贤于弟子，闻道有先后，术业有专攻'。今天，我是大唐的丞相，管的是大唐的民生，谏的是皇帝的偏差，认识这棵树不在我的职责范围内。倒是你认识它不稀奇，因为你管的是皇帝的游乐场地。"一席话说得这个太监哑口无言，也让皇帝对魏征刮目相看，尊重起丞相的意见来。

所谓的"术业有专攻"，就是我们在适合自己的岗位上做出贡献，熟悉自己的岗位。并不随着所谓的热门转变自己的选择，坚守自己的岗位就是最好的。一个公司总裁的地位最高，但每个公司只有一个；一个社会工、农、商、学、兵地位都很重要，如果大家都去从商赚钱，那么谁来安心地做研究、搞学术，谁又来生产商品，商人们又交易些什么？所以，没有最好的职业，只有最适合你的职业。"三百六十行，行行出状元"，只要你在某个行业做到最好，你就是最成功的。

所以说，年轻人要想成功，就要寻找到一条真正适合于自己的方向和成功路径。并坚定于这条路径，不要动摇，这就是一种选择的智慧、坚持的智慧，这种智慧最终会带你走向成功的巅峰。

年轻就是资本，只要我们能找到最适合于自己发展的路子，就一定能在平凡的职业上，做出非凡的贡献，成就伟大的事业。

那么，年轻的朋友，首先请记住我们选择职业的标准吧，“最好的，不一定是最合适的；最合适的，才是真正最好的。”去选择真正适合自己的职业。

如何正确选择你的事业

对于自己如何选择和对待自己的职业或者事业，每个人都有自己的标准，或者以发展前景为标准，或者以薪资多少为标准，或者以自己的能力专业为标准。

大多数二十几岁的年轻人选择工作时，首先便以自己的专业为标准，学管理的便想进入大公司的管理层，学财会的就想马上坐上财务的宝座，却往往事与愿违。事实上，除非你是家族企业，否则，很少有大公司会把自己的管理层交给一个初出茅庐的年轻人。也有的年轻人选择工作时，以薪资的多少、福利的好坏为标准。这是所有公司最讨厌的一种态度，还没有为公司做出贡献，没有证明你的能力，便首先谈论报酬问题，说明这个人太功利，他可能为了更高的薪水去跳槽，公司怎么肯冒这样的风险呢？那我们要以什么标准来选择工作才会让别人不厌烦，肯接受，自己也有更大的发展前途呢？

答案就是“选择你所喜欢的”。这里的喜欢不是一时的兴趣，也不是简单的爱好，而是自己对一种职业的高度热情，这种热情不会因为困难而被浇灭，也不会随着时间的流逝而减少。你可能有很多的业余爱好，但你愿意以全部的生命、全部的时间去投入、去博取的职业，才是你最有热情、最喜欢的。很多经商的人说，我必须每天看到钱，才有奋斗的动力，我不会选择一月发一次工资的工作，即使给我再多的月薪。孔子学音乐“三月不知肉味”，有人读书“一天不读书，便觉满口铜臭”，这就是热情的力量。我们无论选择职业还是事业，都要以自己的热情为标准，才能有更持久的动力。否则一旦热情退却，你就会陷入麻木的工作和生活中。

选择的课题，是一个远古的争论，大多数专家、学者都同意根据自己的爱好去选择自己的学业和职业。那么当你做出了选择，你就必须学会牺牲一些东西。毕竟有舍才有得，选择，就是一个舍得的过程。人的精力是有限的，人生总有一些遗憾，这些遗憾就表现在，如果你选择了自己有热情的职业，你就必须暂时放弃其他你也有兴趣的东西，专门去做你选择的职业。当一些最基本的枯燥、乏味的技巧折磨你的时候，你要做的就是坚持，继续喜欢它，决不放弃。很多学音乐的人都知道，那些枯燥的音符、单调的技巧训练会把人逼疯；那些学画的人也知道，最初的素描练习、光和影的揣摩是最让人不耐烦的。很多人都起过退缩的念头，但只有保有原始的热情，不断坚持的人最后才可能成功。

这就是“喜欢你选择的”，一旦我们确定了自己的热情兴奋点，就要不断地坚持下去。在枯燥的工作中重新找到自己喜欢的东西，不断激发自己对于所选职业的新兴趣。这就是在考验我们的忍耐力和智慧。每一项工作，都有它枯燥、乏味的地方，只有不断找到自己对工作的新的兴奋点，才能够坚持下去，不被打败。

“文革”时期，一位老音乐教授被派去铡草，和他同去的老教授有的不久病逝了，有的愤而自杀了，只有他不仅捱到了“文革”结束。而且在新的讲堂上，他的技艺不仅没有退步，还有了很大的提高。学生们问他有什么秘诀，他回答说：“因为我在农场铡草的时候，都是按照4／4拍的节拍进行的。”

成功的秘诀就是坚持你所选择的。在老教授没有选择的余地时，他仍然找出自己在新工作中的兴奋点。何况我们是选择了自己最喜欢的职业呢？我们更有理由不断找出自己新的热情，去克服那些枯燥、无聊的程序式的东西。你可能对某个行业有持续的兴趣，但你也一定有厌倦自己选择的时候，这时候最重要的就是坚持下去，重新找到自己选择它的理由，不让厌倦的情绪毁掉自己多年的热情。

这就是对待工作应该有的积极的态度，永远热爱自己的工作，会让你更成功。当我们充满热情地去工作时，就会发现自己无所不能，无论什么样的困难都不能阻挡我们。

我有一个推销保险的朋友，说实话他的勇敢我自愧不如，在还没有意识到保险的必要性的农村，推销保险是需要极大的勇气的。但他很喜欢自己的工作，并且他每次向客户推销时，客户就会觉得他推销的险种是最好的、最为客户着想的、最适合客户的。他总会花很长的时间去了解一个人的家庭状况，订出最适合他的保险，然后推销给他。如果一个人因为不理解他而拒绝他，他就会顺便向你灌输理财的观念。我曾经问他有没有怀疑、厌倦过自己的工作。“当然，而且不止一次，”他说，“但我总能从我的工作中找到乐趣。比如，我去年刚刚为一个孩子上好保险，他就被小狗咬了。通常都是家长带孩子去看病，然后来报销。但我那次刚好在现场，就和他的父母一起带他去了医院，孩子好了以后，他们对我千恩万谢。我想我的工作是为千家万户送去欢乐的，在他们遭受不幸的同时给他们补偿。我为什么不能继续下去？有一瞬间，我意识到自己从事的工作是多么伟大，所以我不会接受任何人的拒绝，不会因为拒绝而懊恼，我要让更多的人看到保险可以给他们带来的实惠、保障。”

在这一刻，我才明白，原来他是这样看待自己的工作的，而不是把它仅仅看成一种谋生的手段。一个如此热爱着自己工作的人，怎么会不成功呢？

二十几岁的年轻人，这世上的职业千千万万，你只有选择自己最喜欢的，才能不断坚持下去，你只有热爱自己所选择的，充满激情地去工作，才能获得成功。在面对人生选择的岔路口时，我们一定要坚持“选择你所喜爱的，喜爱你所选择的”。

着眼“现在”，最珍贵的时间是今天

我们可能不断地在追想过去的精彩，无时无刻地梦想未来可能获得的成就，但记住所有的时间里，只有“现在”是最有意义、最棒的。没有今天，过去的成绩没有任何意义；没有今天，明天也将永远不会到来。

二十几岁的年轻人要学会珍惜今天的时间，重视现在，无论昨天是成功还是失败的，都已经过去，无法改变。无论明天我们会不会实现自己的梦想，我们都无法此刻享受。我们能够把握的只有现在，只有此刻。所以，只要我们能够想到的事，现在做就是最好的。我们手头的工作，就是我们做得最好的工作。我们不能寄希望于遥远的未来，因为此刻如果不努力，今天就是未来的过去。如果我们不想未来后悔，今天就要努力。如果一件事，你今天没有时间做，把它推到明天，那你未来的日子里，就没有任何一天有时间去做它。

你是不是习惯于说“明天开始，我要……”，现在开始改掉这个坏习惯吧。你要学会说“现在开始，我要……”，如果旁边有人，记得让大家提醒你。

有两个年轻人，他们在一个旅行社工作。不久，他们都意识到自己的英文水平不足以胜任现在的职位，但他们都不想放弃。其中A立刻参加了一个培训班进行培训，B则决定自己在家学习。结果因为B不善于管理自己的时间，便不能坚决地进行下去，不久他就放弃了。A则相反，既然自己的钱都已经交了，他就必须强迫自己念下去。不久，他就通过了资格认证，并且在培训班上认识了一个女生，顺便谈了一场恋爱。结果，当B收拾东西离开公司的时候，A不仅获得了升职，而且订了婚。

有时候，我们的确不能做到今日事今日毕，因为有太多的诱惑让我们放弃今天要做的东西。那我们唯一的方法就是，每天记下明天要做的事，并且一定完成它。让自己每天的行程都有一个固定的计划。如果我们决定做一件事，就不能三天打鱼、两天晒网，而要坚持下去，甚至让外界来约束我们。望着计划兴叹是没有用的，只有对自己说，“马上行动起来，我要在未来哪天等着自己的收获”，你才会有更多的动力。

如果一个人的生命只剩下最后一天，我相信每个人都会用尽自己最后一点力量来做好今天的事，而不管结果如何。我们也要把自己的每一天当作生命的最后一天来用。这样我们就会马上去行动，做自己希望完成的事。

相信每个人早上都会使用闹钟，让它把自己从睡梦中唤醒，然后马上起床去做事。我们不但早上要使用闹钟，而且要用闹钟时时刻刻提醒自己该干什么了，快点做好手头的工作，不然就没法在几点以前做另一个工作。我有一份电子备忘录，它会在准确的时间提醒我，该做某件事了，使我不得提高自己的工作效率，以在固定的时间做下一件事，开始我也被弄得手忙脚乱，不久，我就养成了快速工作、马上行动的好习惯，偶尔还能在工作的空隙休息一小会儿。每天看着别人人仰马翻地忙碌，我却有条不紊、从容不迫地完成自己的工作，别提有多得意了。

我们无法改变过去，也无法准确地预见未来，那么，“现在”在我们的生命里就是最重要、最精彩的。如果过去的时间里，你重视了每一个“现在”，你就没有什么可后悔、可遗憾的。如果从今天开始，你重视每一个“现在”的时刻，那你在未来的日子也没有什么可后悔的。我们相信未来，却要重视现在。相信未来，能让我们获得信心，获得从过去的泥淖中站起来的力量。重视现在能让我们为未来的大厦添上每一块砖瓦，积累每一次进步。如果说，从回想过去中我们能获得经验，那从正视现在中我们就能获得进步。每天获得一个小的进步，在将来的某天，我们就能成就大业。

二十几岁的年轻人，现在你们处在最好的时光。对于年轻人来说，你们已经获得了一定知识和生活常识，已经不再幼稚；对于已经有家累的中年人来说，你们还是自由的、轻松的；对于那些已经获得成功的人来说，你们还可能获得更大的成就。因为你们还有大把的青春，而青春是无价的。

有人说，二十多岁不是做梦的年纪，而是该明确方向的时候了。是的，如果你还没有一个明确的目标，你的确要明确自己的方向。如果你已经有了一个明确的目标，那么从现在开始行动吧，努力过好自己的每一刻，让成功离你更近。

向前看，别为昨天的错误而悔恨

每个人都会犯不同的错误，有的人用后悔来惩罚自己过错，有的人用经验来弥补自己的过失。亡羊补牢，为时未晚，如果你用弥补错误的时间去后悔，不但于事无补，而且犯了更大的错误。

二十几岁的年轻人一定还记得上学的时候，大家读过的一首泰戈尔的诗“如果你为没有看到朝阳而流泪，你就会失去看到星星的机会”。既然做了，无论对错，都要学会不后悔。这才是一种对自己的人生负责任的态度，与其把时间用在后悔上，不如把时间用在总结经验、再接再厉的奋斗上，以弥补自己曾经犯下的错误。

犯错并不可怕，失败也不可耻，只要我们善于从失败中总结经验，不再犯类似的错误，我们就获得了进步。

哲学家告诉我们：世上有二种人，一种是敏锐的，在每一种现象发生的时候，这种人都能马上做出正确的反应来适应种种变化，因此他们很少犯错误，因此也很少有追悔和遗憾。另一种人是非常迟钝的，遇到任何一种现象和变化，他都不知不觉，只顾埋头走自己的路，尽管一生错过无数机缘，也不会觉察到自己的错误，因此也不会有追悔和遗憾。但所有人都几乎属于以上二者中间的那个阶层，没有前者的敏锐，所以常会做出错误的决定；但是又没有后者的迟钝，所以一生中总是充满了追悔的心情。在追悔中，我们又不断地错过新的机缘，所以，有的人一生都生活在错误的阴影中。

我们不是圣人，都会犯各种各样的错误，我们也不是愚人，学不会超脱的智慧，因此我们唯一能做的就是在自己开始后悔的时候，让自己明白，后悔是无济于事的，尽量让自己花在追悔上的时间少一些。

据心理学家分析，幸运儿的一些特征如下：第一是外向，他们更容易与人相处，乐于花时间参加聚会，喜欢与人打交道；第二是不敏感，不愉快的事不是不会发生在他们身上，而是他们比较健忘。因此，如果我们不能做到从错误中吸取教训，不如做到忘记这次错误，开始新的征程。我相信当同样的情况发生在你身上时，你一定能避开那些失败的陷阱，一定不会犯相同的错误。

学会无悔，在我们青春的时候是至关重要的，如果我们把自己的时间、精力都浪费在后悔上，我们就会在老了的时候后悔自己年轻时的执着，不能超脱。年轻的时光是用来拼搏的，年老的时光是用来享受的，不要给自己的生命留下后悔的时间。很多人说后悔当初没有好好学习，今天不能找一个好的工作。与其现在后悔当初的事，不如马上去参加一个技能培训班，还来得及弥补以前的过失，这就是向前看的智慧。有的时候我们在自己的错误之上努力一番，反而会得到意想不到的结果。

某个学生打算报计算机专业，以便将来能够在最先进的行业中获得一席之地，不曾想因为填错了代码，他被分配到了媒体专业，他后悔不已，但改变专业已是不可能的事，除非他能忍受一年，一年以后重新上一年级，才可以获得机会，但他就会晚一年毕业。他不愿耽误一年的时间，只好将错就错，开始学习媒体专业，不久他发现，自己有发现新闻、挖掘事实真相的天赋，那比自己选择计算机专业有更多的趣味。最终他成了一位有名的记者，不断约自己原来共同选择计算机专业的朋友们进行采访，成为他们中间最受欢迎的人。

林清玄说："生命的历程就是写在水上的字，顺流而下，想回头寻找的时候，总是失去了痕迹。"所以在我们的生命历程中，我们不要总是回头去看那些失去痕迹的错误，而要不断地重新在生命的水上写下新的字迹。这样我们才会不断取得新的成就。

错误的影响是有限的，但不能正视错误，会让它的影响扩大到无限。我们不能避免错误，却能缩小它的影响。对于成功来说，对待错误有用的是反省，而不是后悔。我们即使不能做到及时反省，也要做到不后悔，重新振作起来，继续努力。这是一种不积极，但也不太消极的态度。

同事杨某对自己的婚姻很后悔，每天都对好朋友抱怨自己对妻子的不满，抱怨自己对婚姻的失望。同事问他："既然这么痛苦，你为什么不离婚？"他回答说："离婚又不是儿戏，怎能随便说。"不久以前，妻子主动和他分开了。他又后悔当初为什么要答应离婚，抱怨自己一定是蒙了双眼。现在自己没有人照顾，更加凄惨。

这种人一辈子生活在后悔当中，没有做人的乐趣。大文学家钱钟书说："生活就像围城，里面的人想出来，外面的人想进去。"因此，无论我们怎样做，都有这样、那样的遗憾，我们要做的就是要学会无悔。

在做事情之前不犹豫，之后不后悔，是一种智慧的人生态度。用享受的态度，对待每一件已经发生的事。用自己的智慧和力量弥补生活中存在的不足，在无法忍受时选择结束，这是每一个人对待生活最好的态度。

对待成功也是一样，那些能够成功的人不是不曾遭遇失败，相反，他比我们所有人经历的失败都多，只不过他能够在失败之后迅速地站立起来，而不是在原地流泪后悔。只要站起来的次数比跌倒的次数多一次，我们就能够获得成功。

当我们犯错的时候要意识到，为了错误去后悔就是错上加错。时刻秉持乐观的态度去做事，永远不后悔、不悲观，时刻保持奋进的状态，我们才能不断进步，最终获得成功。

有化阻力为动力的精神，你会走得更远

很多想创业的年轻人，都会遇到各种各样的阻力、困难和挫折。面对这些，我们是退缩，不再前进呢？还是继续努力越过那些阻力，克服那些困难，走得更远，跳得更高？当我们遇到困难时，是把它看作不可逾越的鸿沟，还是看作让你登的更高的阶梯？溪水，遇到石头的阻拦会跳得更高，我们也要有化阻力为动力的精神，让自己走得更远。

大多数二十多岁的年轻人，做事往往开始时热血沸腾，大有天下舍我其谁之势，一遇到挫折、困难，就会心灰意冷，热情不再，甚至不

自觉地退缩，觉得生活、事业再也无望。这样的年轻人，就要感谢那些在你热血沸腾时，当头泼你一盆冷水的人，是他们教会你在事业有成、头脑发热、冲动时，要保持冷静，他们同样也会教你在遇到困难、挫折时，要学会坚持、勇敢、乐观，不断地战胜困难，超越自我。

当人们遇到阻力或者挫折时，就会不断考虑自己究竟错在哪里，哪些缺陷导致了今天的局面，这时激动的头脑就能渐渐清明起来，不至于遭到更大的损失，如果能够坚持下去，永不言退，就会不断思索解决问题的办法，弥补自己的缺陷，不但使问题得到解决，更会让自己的实力更加强大，自己也会更快地成熟起来，冷静起来，变得更加坚强和睿智，这也许就是挫折带给我们最大的好处。挫折和困难会使人迅速成长、不断壮大，使你更快获得成功。

那些在困境中成长起来的人或企业，往往有更强大的生命力，遇强更强，不断超越自己和对手，往往更能笑到最后。而那些没有遇到过挫折的、一帆风顺的人或企业却会在竞争中折戟沉沙，迅速壮大，却又迅速消失。

在麦当劳、肯德基快餐进军中国之时，江浙一带曾出现过红极一时的某某鸡，打着打造中国第一快餐的名义，让他的快餐厅红极一时，但因为他没有肯德基、麦当劳几百年的快餐文化基础，没有经历过风雨，不久就烟消云散，消失在快餐竞争的大海中。而洋快餐硬是凭着自己多年的经营经验及屡受考验的快餐文化，在中国这个习惯于细嚼慢咽、惯于美食的国家扎下了根，生存了下来。

一条小溪在流往大海的进程中，会遇到多少山石的阻拦？但是“青山遮不住，毕竟东流去”，遇到石头的阻拦，溪水反而会跳得更高、流得更远。壮观的“三峡”就是这样形成的，在水流流经狭窄的峡谷之时，它会不断地咆哮、汹涌，水流越聚越高，最终以一种惊涛骇浪的形式穿过那些巍峨的青山、峡谷，最终向着大海流去。

只有在阻力和失败中，我们才能够迅速地成长，使自己立于不败之地。这是因为我们在困境下能够突破难关，但是对于缓慢发生的危机没有足够的感知能力，不能时刻保持警醒，就这样被日常的表象所蒙蔽，从而不思进取，最后免不了落得失败的下场。段永基有句话说得特别好，他说：“成功经验的总结多数是扭曲的，失败教训的总结才是正确的。”所以每遭遇一次挫折，我们就获得了一次正确的经验，每获得一次经验，我们就能够获得进步，不断地进步，让我们更加强大，更容易走向坚实的成功。

每一次挫折和困难又是对我们勇气和决心的考验，经受住这样考验的成功才会生存下来，否则就会被淘汰。我们经历了越多这样的考验，就会越加坚强，越加冷静。当我们面对大的成功之时，我们才会更加理智，才不会被胜利冲昏了头脑，让傲慢毁了我们的心血。挫折让我们在成功中依然保持危机感，保持谦虚的姿态，从优秀达到卓越。

一个七十多岁的老者花费了十几年的时间著成了一本书，不过在他成书的当晚，一个小偷偷走了那本著作，老人失落了很长时间，终于决定重新写起。于是他重新查阅了几百本古籍和各种资料，更正了原书中不少的错误，终于在五年之后，这本书重新完成。但它已不是当初那本书了，他的笔力更加老辣，思想更加深刻，研究更加深入，五年的重复和校勘使这本书成了更杰出的佳作。

很多经典名著也经过多次修改和增删，修改和增删就是对于作品失败的承认，是另一种困境，可以突破自己思维的困境才可以使作品更加精练，成为经典之作。中国古典名著《红楼梦》更是成书十载，增删五次，刚一面世就被世人称道，成为不朽之作。

二十几岁的年轻朋友，成功不会无缘无故来到你的面前。你必会经历许多困难、挫折，经历许多挣扎、折磨才得以到达成功的彼岸。

那些困难、挫折，压力、阻力就是溪水中的石头，你必须跳得更高、奔得更快，才可以越过那些阻碍，到达成功的大海。当你遇到困难，遇到阻力时请记住这句话吧，“溪水受到石头的阻拦会跳得更高”。

不要为自己的失败和错误寻找借口

纵观古今，成功的人总是在为成功找方法，没有钱就贷款，积压太多就找销路，销售不好就做宣传。而失败的人总是在为失败找理由，做这个肯定不赚钱，做那个肯定要亏本，我家庭负担太重，不能离开工作。我要有一份固定的收入，才会放心。

你可能会说，我家在农村，既没有祖业，又没有关系路子，一份工作都是自己好不容易找到的，要想成功谈何容易？

事实证明，那些相信想要成功必有方法的人，做事总是特别顺利，也特别容易实现目标。而那些认为命运是上天注定，做成一件事有千万种困难，遇到挫折就怨天尤人的人，他的道路往往是坎坷的，做事也不容易成功。这是因为这种人把做事的困难扩大化了，认为这种困难自己不能够逾越，所以，他往往在原地打转，不能够超越自己。而那些自信的人则认为，事情没有自己想得那么复杂、那么困难，只要练习一段时间，或者仔细寻找、细细观察，就会有应付一切情况的办法，不久这些办法就能够运用自如。成功者永远不认为没有办法，只是这些办法还没有被找到，或者时机还没有成熟。

世界没有为我们成功要使用哪种方法划定界限，我们只不过常常局限在自己的想法之中，不能够找到正确、简单的方法。命运之船在未知的旅途中航行时，重要的不是彼岸离我们有多远，而是我们有没有到达彼岸的决心、勇气和智慧。只要我们有了这些，我们就一定能找到成功的方法。那些善于为成功找方法的人，就一定会不断取得成功。而只是不断为失败找理由的人，就会不断失败，最终使自己的人生一塌糊涂。一个问题就能改变一个企业的命运，一个方法就能够改变一个人的一生。只要我们善于找到问题真正的症结，我们就能够找到解决它的方法，一步步获得成功。

有时候，我们只知道出了问题，而不知道问题究竟出在哪，也不能找到解决的方法。因此，成功的第一步就是让自己找到问题的症结所在，然后想出解决的方法。我们大多数人只是想到蛋是圆的，所以想到的只是不能站在盘子上，只有很少人想到了可以把蛋的底部变平，所以找到了把蛋立在盘子上的方法。只要向自己多提几个问题，找到它的答案，我们就会找到解决问题的方法。因此，遇到成败这样的大问题时，我们一定不能只想到没办法，一定要思考怎样才能有办法。

其实，失败本身并不可怕，真正可怕的是将失败的原因归结到别人或者外部条件上，千错万错都不是自己的错，自己不过是运气不好或者是机会不对。很多人之所以不成功，是因为没有从失败中吸取真正的经验、教训，没有从自身找原因。借口让我们不断地原谅自己，敷衍别人，让自己失去了承认错误的勇气，同时也就失去了进步的理由和动力。失败的借口让我们无法突破和克服自己，导致我们不断失败。面对失败怨天尤人的人就会不断失败，而承认自己的不足，并找方法去弥补缺点，取得进步的人，则会不断超越自己，取得成功。

二十多岁的年轻人，千万不要为自己的失败和错误找各种各样的借口，只有不断从自身寻找原因，承认错误，才能不断取得进步，不断找到让自己更加成功的方法。

无论遇到什么状况，我们最先想到的就是积极地想办法解决、而不是因为我们遇到了困难，所以不能够成功。在人生的道路上，所有人都会遇到各种各样的考验，成功的人善于不断地寻找解决它们的方法，我们也要向他们一样养成不推诿、积极寻找方法的习惯，才能获得成功。

宽容了曾经的对手，就会有意想不到的收获

俗话说“生意场上没有永远的朋友，也没有永远的敌人，只有永远的利益”。对于成功来说可能也是一样，想要成功就要尽可能结交更多的朋友，却要树立更少的敌人，即使是一时的对手，很可能在下一次就成为合作伙伴，要尽快和对手握手言和，才能实现下一次的双赢。

在日常人际交往的过程中，二十几岁的年轻人常会因为言辞轻率，不免会与人产生些许摩擦与不快，每当这个时候，我们面对问题的态度，就往往体现了一个人的心胸与度量：心胸狭窄的人，选择斤斤计较，因而“失众友”；心胸宽阔的人，选择用宽容包容过去，因而“聚众朋”。

在生活、工作中，谁也避免不了与他人产生利益冲突，只要不涉及原则问题，我们就可以忍让一时。如果对方有意或无意侵犯了你的利益，你也要学会宽容地对待他，“相逢一笑泯恩仇”，你的人生境界将更加开阔。实际上，人心往往不是靠武力征服，而是靠宽容大度征服。

虽然大家都想交到更多的朋友，但往往事与愿违，工作中更多的是对手，尤其越是优秀的人就会有越多的对手。“同行是冤家”，在同一个单位工作，在同一个行业竞争的人，免不了利益冲突，我们要做的就是，正确对待竞争。只要是双方进行了公平竞争，没有一方以阴谋诡诈夺得胜利的果实，那么你失败了，也不必耿耿于怀；胜利了，也不必洋

洋得意。成败都是一时的，只有原则和品格是永久的。下一次，我们可能还有合作的机会，这时，我们不妨与对方握一握手，既显示自己的大度，又表明自己的歉意，让对方知道，他是和一个光明磊落、心胸宽广的人做对手，输赢都心甘情愿。即使，他们一时心中不免怨愤，我们也要尽量化解，做到适时和对方和解，即使不能增加一个朋友，也可以减少一个敌人。

唐朝女皇帝武则天，就是一个心胸宽广、善于和对立面和解的人。大诗人骆宾王是“初唐四杰”之一，曾写过一篇檄文骂武则天称帝是“牝鸡司晨”，历数她上任后诛杀的前朝重臣，任人唯亲。武则天看后，只是微微一笑，说“此人文采不错，可以授予官职”，从而浇灭了骆宾王与女帝对立的情绪。

年轻人涉世之初，免不了受他人怂恿，或因为一时不高兴与他人结仇。但那些仇恨，都不是不共戴天的大仇，只不过是一些日常生活中的小摩擦罢了。只要矛盾没有发展到你死我活的地步，总是可以化解的。敌意是一点一点增加的，也可以一点一点削弱。我们要善于把大矛盾化为小矛盾，把小矛盾化为乌有。

一对好朋友，A因为嫉妒B获得了升职，心情有点不好，就对B冷嘲热讽了一番，B也觉得委屈，只好不理睬A，不久因为B的不加理睬，惹怒了A，使得B的工作也不能顺利展开，最后朋友变成了仇敌，上司注意到了这一状况，A被解雇了，B也获得了降职的惩罚。谁也没从仇恨敌对中获得好处，如果B能够体察到A的情绪变化，宽容地对待他，相信

A也会在工作中尽量相帮，两个人的能力也会共同得到提升，就会实现双赢。

友情能让友谊的双方获益，仇恨则让彼此消磨掉更多的能量，让双方都有损失。生活中常见的情况是，同事曾经与你为一个职位争得面红耳赤，不过，今天你们俩已分别成为不同部门的主管，虽然没有直接接触，但将来的情况又有谁晓得？所以你应该为将来铺好路。

怎样做到与曾对立过的人和解，从而为将来的合作铺好路呢？

1.找一个适当的时机

如果你无缘无故地邀约对方或送礼给他，太唐突，也太贬低自己，应该是见机行动。例如，从人事部探知他的出生日期，在公司发动一个小型生日会，主动集资送礼物给他……放心、真诚的善意，谁也不好拒绝。

要是对方升职，这就是最佳的时机了，写一张贺卡，衷心地送出你的祝福吧。如果其他同事替他搞庆祝会，你无论多忙碌，也要抽空参加，否则就私下请对方吃一顿午餐吧！恭贺之余，不妨多谈谈大家在工作方面的喜与乐，对以往的不愉快绝口不提，拉近双方的距离。

注意，这些亲善工作必须在平常就抓紧机会去做；否则到了你与他有直接来往时再行动，就太迟了。那时，也只会给人一种“市侩”之感。

2.让对方感受到你的诚意

如果你只是表面的敷衍，就会引起别人的反感。只有诚心诚意地与对方重新开始交往，忘掉不愉快的事，才能够赢得对方的和解，让你们重新建立起友谊。

比如，有甲乙两人。甲向乙借用镰刀，结果遭到乙拒绝。不久乙向甲借马，如果甲答："上回你不借我镰刀，所以这回我不借马给你"。这是报复；如果甲虽然答应，却趁借马之机向乙说道："上回你不借我镰刀，但是这回我却借你马匹"。这是憎恶；如果甲欣然答应，不但绝口不提上次借镰刀的事，还热情地告诉乙这匹马的习性。这就是真正的宽容。

你在向对方表示和解之意时，不可以有炫耀自己宽容大度之心，要绝口不提以往的恩怨，不管谁对谁错，只是真诚地要求双方在以后和谐相处。想必，他也能够了解你的意思，顺便和你拉近距离。

或许，有些年轻人会认为宽容是软弱的表现，只能让我们退让和忍受。但有时"忍一时风平浪静，退一步海阔天空"，对手最终能够理解我们的用心，佩服我们的心胸。能够让对手佩服的人才是真正伟大的人。

与对立的人和解能够为自己带来广阔的发展和机会。让对立的双方能够在共同的前提下合作，实现双赢，不失为一种好方法。你的品德也会让更多的人佩服，招徕更多的合作者和朋友。你就会更轻易地获得成功。

二十多岁的年轻人，一定要知道，想要成功，先要学会与对立的人和解，当你宽容了曾经的对手，就会有意想不到的收获。

第 7 章 机遇稍纵即逝，果断抉择让命运及时转弯

二十几岁正是用双手改变命运的年纪，年轻人要适时地把握机遇，才能让命运及时转弯。人常说“工欲善其事，必先利其器”。要把握好机遇，还得自己争取，机遇不会自己找上门来。年轻人在机遇面前要果断勇敢，不要迟疑、胆怯，更不能坐等机遇的降临，要学会变通，但还要分清机遇与诱惑，学会权衡利弊，才会少走弯路，让机遇为你所用！

果断勇敢，别让机遇从身边溜走

人们常说，深思熟虑者方成大器，思虑周全是一个人成熟的标志，但深思熟虑和优柔寡断之间没有绝对的界限，考虑过多就是左右迟疑、优柔寡断，要知道，在当今这个机遇与挑战并存的社会，机遇稍纵即逝，不及时抓住，就会造成遗憾。所以，对于初入社会的二十几岁的年轻人来说，思维一定要果断，不可拖泥带水，否则，等你考虑清楚了，机遇已经从你身边悄悄地溜走了。

生活之中，年轻人会受周围人和事的影响，对于自己认为对的事，不敢擅自做决定，于是左顾右盼，一会儿听这个人的建议，一会儿又去请教那个人，当他最终下定决心该怎么做的时候，一切都晚了。就如同散了场的电影，即使再精彩，也只是满足了别人。

从前，有头小毛驴，因为勤勤恳恳地干活，主人很喜欢它，总是给它充足的草料，可是它却总是为到底吃哪堆草料而犯愁。

一天，当它为主人运输了大量的田间作物以后，它感到自己饿了。主人也似乎察觉到了它的疲乏，于是把它牵回家，并抱来了两大堆草料。它虽然饿了，可是站在两堆草料中间犹豫不决。猪对它说，吃左边的吧，草料新鲜；马说，吃右边的吧，吃起来方便，是去左边还是去右边呢？往左边走走……嗯，还是去吃右边的比较好；往右边走了几步……算了，还是去左边那堆好了。走走又回头，回头又走走。于是，这头幸运的、富有的毛驴，就这样在两堆草料间活活地饿死了。

这个故事当然有点夸张，但生活中，这样的人也是有的。当机遇光顾他时，他却左顾右盼、迟疑不定，结果机遇与他擦肩而过。

所以，聪明的年轻人应该做个有主见、善决断的人，只要自己认为对的事情，绝不可优柔寡断，必须马上付诸行动。不能做决定的年轻人，固然没有做错事的机会，但也失去了成功的机遇。有些年轻人犹豫不决，是因为想得太多。行动具有目的性、计划性不是坏事，人有发达的大脑，本来就是用来思考的，但是过多的事前考虑——这样做也有不妥，那样做也有困难，无休止地纠缠于该与不该之中，就会让人在多个方案中徘徊犹豫，陷入束手无策和茫然不知所措的境地。更有甚者，因为过多地思虑而失去了行动的勇气，结果错失良机。机不可失、失不再来，这就是机遇，机遇之机，必须把握，才能有成功的可能，一个人连行动的勇气都没有，怎会有做大事的睿智呢？

老王和老张是同一家公司的老员工，在经历了岁月的洗礼以后，都该光荣离职了，可就是因为他们年轻时决策速度的不同，在离职待遇上有很大的不同。

前些天，公司准备为离退休职工加工资。可前提是，必须对每个人的资料进行严格的检查。在核对入职时间上，资料员认真地做了核对，他们参加工作的时间分别是1949年9月30日和1949年10月2日，相差仅两天。可是，老张是“离休”，老王却是“退休”。“离休”的每月接近4000元，“退休”的却不到2000元。从“祖籍”一栏看，两位老人都来自市郊的同一个村庄。前几年，两位老人还经常回来参加公司组织的文艺活动。

原来，当年两位老人是一同被厂里招为工人的，说好月底到厂报道。9月29日夜里，当地下了一场很大的秋雨，山路泥泞，出行困难，第二天，其中一人踩着泥泞的山路准时到厂报到；另一个却在两天后，雨过天晴了才到厂报到。

岁月不饶人，两人都把自己的青春献给了工厂，直到退休时，他们才吃惊地发现“身份”的巨大差异。一个是“退休”，另一个是“离休”，这也表明两人将面临巨大的待遇差别。

“退休”的老王曾几次找上级单位，申请“宽容两天”，但是，1949年10月1日已经深深地给他打上了烙印，没有办法，他满腹牢骚地向公司领导提起那件事情，说自己吃了大亏，领导听了，反而对他说：“人家比你多踩了两脚泥啊。”他听后无语。

从老王和老张的事情中年轻人应该看到，机遇永远是不等人的，能抢占先机的人，就能在社会大潮中，挖到属于自己的金子。年轻人一旦认定了目标，就要毫不动摇地走下去，任何迟疑和退缩，都会让机会稍纵即逝。像老王一样不能当机立断的人，固然没有做错事的机会，但也失去了成功。

年轻人果断的前提是，必须克服胆怯和怯懦。有的年轻人之所以犹豫，是害怕风险、害怕做错事、害怕有可能承担的责任。这样的心态怎么能成功呢？年轻人要长期地进行自我心理暗示和努力，培养出果断的性格。否则，就会因为惧怕失败的风险而不去行动，必然的结局就是被淘汰。

让年轻人迟疑、不敢做决定的原因，很大程度上不是来自于外界环境，而是来自于内心。只有建立起自信心，勇于超越自我，才能进一步去尝试成功。生命的意义在于不断完善自己，在于不断尝试，在于不断发现自己的价值，重新认识自己。

学会变通，别错过机会

人的智慧就在于灵活变通的大脑，在于用变通的思维处理和解决生活中的事。在机遇面前，一个会变通的人能马上转变自己的想法，让机遇成功地改变自己的命运。而顽固就是一种错误的执着，当机遇降临时，顽固的人会认为“我不能那么做”，一堆的条条框框束缚着他的思维，如太过死板的做人原则、对错误梦想的偏执追求以及很多社会因素。可是，就因为这样，机遇与之擦肩而过。所以，年轻人，在机遇来临之际，要学会变通，要放弃绝对的是非黑白、绝对的道德观等，抓住机遇，改变命运！

本来人生应该是主动的，就好比在笔直的前行中中途转个弯。探访不同的小径，或许会意外地发现一片美丽、开阔的风景，获得意外的精彩和美好，机遇就是人生路上改变命运的一条小道，只要转一下弯，就能获得一片丰收。

学会变通，才能抓住机遇，迈向成功。我们生存的是一个充满不定性的环境，有时我们需要的不是朝着既定的方向执着努力，而是在随机应变中学会求生的出路；不是对规则的遵循，而是对规则的突破。我们不能否认执着对人生的推动作用，但也应该看到，在一个经常变化的世界里，灵活机动的行动比有序的衰亡要好得多。

机遇就是条新路，条条大路通罗马，此路不通有他路，何必在不成功的道路上一错再错。放下那些偏执的思想，假如在机遇面前不能变通的话，那么只能葬身于自己为自己设下的陷阱里。

在一片深山老林里，有很多野兔，它们十分狡猾，一般缺乏经验的猎手是很难捕获它们的。可是一个年轻的猎手发现了野兔的致命弱点。从那以后，一到下雪天，野兔的末日就到了。因为野兔从来不敢走没有自己脚印的路。当它从窝中出来觅食时，它总是小心翼翼的，一有风吹草动，就逃之夭夭。但走过长长的一段路后，如果发现周围是安全的，它返回时也会沿原路退回。这名猎人就是根据野兔的脾性，只要找到野兔在雪地里留下的脚印，做一个机关，然后恢复表面的形状，第二天早上就可以去收获猎物了。

兔子致命的缺点是不知道变通，它就是在自己熟悉的路上摔跤的。又何尝只有兔子呢？生活中因为不愿意变通，让自己陷入人生谷底的人比比皆是。所以，年轻人在机遇面前，要有变通的智慧才能抓住改变命运的机遇，才能赢得成功！顽固只会赶走机遇，让自己与成功无缘。毕竟机遇不等人，如果你太顽固，坚持“我不能那么做”，你可能会错过一个大好良机。

善于发现，机遇存在于逆境和困难之中

万事万物，在乎一心，心态决定了人的行动，乐观主义者从每一个灾难中看到机遇，而悲观主义者都从每一个机遇中看到灾难，这就是心态的不同。大凡那些创造出奇迹的伟人，必定都有着常人无法企及的心灵高度，他们往往能在逆境中看到崛起的希望，为自己造就机遇，等到时机成熟之时，奋力崛起，迈向成功。很多时候，机遇和灾难总是相伴相生的，就如同一对双胞胎，乐观者能剔除灾难带来的干扰看到机遇，而悲观者的眼睛往往会被灾难的假象遮住，看不到转机和希望。

所以，二十几岁的年轻人要学会用乐观的心面对眼前的景象，要拨开迷雾看清前方的路，这样才能看见机遇的影子。

曾经有一对性格迥异的双胞胎，姐姐是个彻头彻尾的悲观主义者，妹妹则是个乐天派。有一年，家里人为姐妹俩准备了两份礼物，希望能

改变姐姐极端的性格。给姐姐的是一辆自行车；给妹妹的是一盒马粪。

姐姐拆开盒子后大声地哭了起来：“你们知道我不会骑车还给我买，而且外面还下着大雪。”妹妹拆开盒子，出人意料地欢呼了一声，然后兴致勃勃地东张西望起来：“快告诉我，你们把马藏哪了。”家人看到姐妹俩的反应，真是不知道说什么好，他们无法改变，只好听之任之。

一年冬天，外面又下起了雪，妹妹嚷着要出去玩，可是姐姐不愿动，最后经不住妹妹的再三央求，就和妹妹一起出门了，出门前，母亲让姐姐带好妹妹。两人在山上玩得很开心，堆雪人、滑雪橇，可就当两人玩得尽兴时，一块巨大的岩石从山顶滑落了下来，砸向了姐姐，这时候，妹妹推开了姐姐，自己被砸向了无底深渊，幸好，妹妹被一棵小树挂住了，姐姐哭着说：“我回家喊爸妈来，你等着，你要坚持！”“等你喊来他们，我早就掉下去了，这棵树撑不了多久。”“都是我的错，死的应该是我，你死了我再也没有伴儿了，尽管我们经常因意见不一而吵架，可我知道你是爱我的。”“姐，我相信你可以做到的，你可以拯救我，不要害怕，相信自己”“可是……”姐姐还在迟疑着。“别再可是了，我的命就在你手里。”这时候，姐姐才发现自己是个勇士，她找来一根木棍，把自己的衣服撕成一节一节的，套在木棍上，还好，她的力气很大，一会儿工夫，妹妹就被拉了上来，当妹妹被拉上来的那一刻，姐妹俩相拥而泣。

回到家以后，父母看到衣衫褴褛的姐妹俩，很是奇怪，妹妹说：

“从此以后，我的姐姐就是最勇敢的人！”她把这些告诉了父母，父母都觉得不可思议，不过他们多年的心病就这样解决了，从此以后，姐姐和妹妹一样，对什么都积极乐观了。

在那次事件以前，姐姐的悲观与妹妹的乐观迥然不同，一次事件改变了姐姐的性格，当时要不是妹妹的劝导，可能她也没有勇气去拯救妹妹，而失去妹妹的她可能对生活、对所有事都会失去信心，只有乐观的态度，才能在关键时刻，抓住改变的机遇，才能成功地改变自己的命运。

在生活中，年轻人要相信：一切都会变好的，我们的生活就是美好的，所以要乐观地对待生活，充满自信地挑战生活。机遇就在逆境和困难之中，年轻人要善于用乐观的心发现，记住，你永远都是胜利者。

而一个悲观、失望的人，怎能看见逆境和灾难中隐匿着的机遇呢？他的眼中都是苍凉的景象，机遇一次次与之擦肩而过。

丘吉尔是一个五起五落的职业政治家，他的政治生涯中充满了艰险。1874年11月30日，丘吉尔出生于英国的一个贵族家族。1893年进入英国有名的桑赫斯特军事学校学习，1895年在该校骑兵科毕业。

1940年的夏天，希特勒指挥他的军队准备横扫西欧之际，英国的绥靖政府再也维持不下去了，张伯伦被迫辞去首相之职。丘吉尔在这“黑云压城城欲摧”的危难之际，于5月10日下午，被国王急召入宫，授意他出任首相之职并组织政府。在大英帝国面临覆亡之际，丘吉尔挑起了战时首相的重任，他力挽狂澜，拯救了危难中的大英帝国。

不甘政治寂寞、不向任何势力低头、不向任何困难屈服、不停地寻找对立面、不停息地斗争，这就是丘吉尔的鲜明特点。正是这种特点，适应了英国民众反法西斯情绪的需要，所以，在国家的危难之际，民众呼唤他出来执政。而这种性格对丘吉尔本人来说，是支撑他政治生涯的重要支柱。

一个政治家就是要有过人的胆识和乐观的心态，要学会用高瞻远瞩的眼光看待问题，丘吉尔正是有这种乐观的心态，才敢于挑起拯救国家和人民的勇气。

年轻人要具备这种乐观的心态，机遇是平等的，只有乐观、勇敢、目光长远的人才会看到机遇。成功与失败之间只隔着一堵墙，这堵墙就是机遇。左边是失败，右边便是成功，年轻人要用乐观的心态打破这堵墙，才能抓住机遇，在这个人才济济的社会大潮中成为英杰。

绝不坐等时机，缺乏机遇时制造机遇

有人把成功的路比喻成一把云梯，要想走向成功，就必须拾级而上，在这个过程中，机遇必不可少，机遇能改造一个人的命运，但机遇不会从天而降，需要创造。只有愚者才等待机遇，而智者则造就机遇，机遇总是给予有准备的人。

人说：“千里马常有，而伯乐不常有”，而这句话运用到当今这个人才济济的社会，则有另一番理解：作为二十几岁的年轻人，不要总是坐等命运的垂青，而应该主动争取机遇，才能在人群中脱颖而出，才会被幸运之神光临。即使有出类拔萃的才华，不会创造机遇也会被埋没。生活中，有很多这样的年轻人，总是抱怨自己时运不济，庸庸碌碌地等待天上掉下来的馅饼，其实生活中的很多机会已经在向他招手，可是他却不知道自己争取，只能望洋兴叹。

一个人能否改变自己，就要看人生是否能转折，只有学会伺机而动的人，才能为自己制造机遇，从而改变自己的命运。活在当下的二十几岁的年轻人，不要总是埋怨社会的残酷，也不要总是认为自己怀才不遇，更不要抱怨社会的黑暗，所有的抱怨并不能改变你的现状，不妨把所有的怨气化作争取机会的动力，为自己造就机遇。

肖军是某大学哲学系的研究生，毕业以后就留校做了图书管理员，这份工作或许对于挤在找工作大军中的大学生来说，已经算是个不错的职位了，可是肖军是个有抱负的年轻人，他不想自己的余生被限制在学校这个小范围内。但由于工作难找，他一直也没能跳出图书馆这个圈子，但他始终不忘专业课的学习，这一干就是五年，五年对于一个满腔抱负的年轻人是何等漫长！

但他最终还是赶上了那趟末班车。一次，上级领导部门来学校开座谈会，肖军毛遂自荐参加座谈会。在座谈会上，肖军以出色的口才和过硬的专业知识获得了有关领导的夸赞，后来他就被推荐到省政协部门，这难得的机遇成了肖军人生的转折，他从图书管理员一下子跳到了自己向往已久的政界。达成愿望的他，处处为人民谋福祉，为人民做了不少好事。

机会是自己创造的，肖军就会伺机而动、审时度势，成功为自己创造了机遇，改变了自己的命运，完成了自己的人生理想。

深受中国几千年儒家教育传统的影响，在中国人的心目中，“深藏不露”是绝对的褒义词，在这样的教育观念的影响下，越是有学问、有本事的人越得藏着、掖着。“是非只为多开口，烦恼终因强出头”，这些“金玉良言”从小就熏陶着人。可是，时代在进步，观念在更新，机会不会自动找上门，只有不断醒目地亮出自己，吸引别人的关注，才能够创造机遇。

作为新时代有凌云壮志的年轻人，摒弃那些传统的枷锁吧，学会“审时度势”，时刻亮出自己，才能成为被时代接纳的新人。在平时就要做好挑战机遇的准备，这样，等到时机成熟，才可以大展宏图！

学会表现自己，才有机会脱颖而出

中国几千年的文化教育我们要默默无闻，但现代社会人才济济，竞争压力大，也许你是匹好马，但如果坐等伯乐来发现，不懂得表现自己的话，你只会怀才不遇、碌碌无为。你可以不是最出众的，但一定要把自己最优秀的一面表现出来，就像孔雀总是乐于展示它的美丽。学会表现自己，是生存的需要，更是利用机遇的必备能力，只有把握了机遇，才能实现自我价值，才能成功地将人生转型。

跻身于社会大潮中的年轻人，要学会表现自己，让“伯乐”发现你的才华，在现代社会中，默默无闻、埋头苦干的年轻人，不一定能得到重用。一个精明的人，不仅要会做事，还要会“表现”自己，这样才有机会脱颖而出。绝大多数人都有自己的理想和目标，但目标的实现和达成还有赖于机遇，年轻人必须学会醒目地亮出自己，为自己创造机会；否则，才华就会被埋没。其实，很多时候，机遇和伯乐就在身边，可是很多人不知道停下脚步来展示自己的才华，却一味地追逐前方的机遇。

机遇并不会主动敲你的门，而需要你去寻找，去表现自己，而这就需要自信，机遇对于任何人都是公平的，只是需要有信心和勇气去表现自己，抓住机遇。消极等待与一味地默默无闻都是不可取的，而应该自信地表现自己的才华，才能得到认同，那么成功也就离你不远了。就拿很多刚刚踏入职场中的年轻人来说，有些人做了很多，但升迁、加薪的往往不是他；有的人虽然做得不是很多，但引来老板的赞赏、同事的羡慕，升职、加薪等好事自然也随之而来……这就是会不会表现自己的不同结果，其实每个年轻人都愿意成为后者而不愿意成为前者，那么就要主动表现自己，不要再做一头“老黄牛”，要把握成功的每一个机遇。

勇气和自信是表现自己的关键，抛弃懦弱和自卑，从任何一点来看，你并不比身边的人差，所以没什么需要自卑的，要勇于表现自己，抓住机遇，你就能成功。

大胆一点，别害怕隐含在机遇中的挑战与危险

有人曾经说过："对于人生，机遇像个小偷，到来时无声无息，走时你却损失惨重。对于机遇，人生是一个大舞台，抓住机遇，人生才会丰富起来，大放光彩。"机遇倘若是个小偷的话，一定也是个带着丰富礼物的小偷，假如我们没有勇气去抓住它，它不仅不会留下礼物，我们还可能损失惨重。勇敢地抓住小偷，才能保存自己，并收获丰富的战利品。

新时代的年轻人正面临着机遇与挑战并存的社会，在这样的社会，机遇就是一个人成才与成功的门槛，而年轻人只有大胆地跨过门槛，才能抓住机遇，才能有成功的可能，而胆怯只会让机遇从眼前悄悄溜走。伴随机遇而来的，也有挑战和危险，任何一件事的成功都不可能是顺顺利利的，很多年轻人就是因为害怕隐含在机遇中的挑战与危险，而导致胆怯，不敢大胆地抓住机遇，从而留下遗憾。

胆怯是一种懦弱，懦弱的人在机遇面前不知所措，只有勇敢的人才能利用机遇一展自己非凡的才能。生活中的很多年轻人之所以在机遇面前胆怯，就是因为害怕和机遇并存的危机，可是，他们没有想到的是，不勇敢地尝试，怎么能改变？"危机"这个词本来应解释为危险和机遇，就如同挑战一样，看似危机重重、前途未卜，但是不要忘了人生路上的"山重水复疑无路，柳暗花明又一村"。当然，这也需要年轻人

不畏挑战，勇敢面对，才能在绝境中找回一条成功登上顶峰的小路，这条路还是一条捷径，是一次让年轻人取得成功的机遇。只是，在找到之前，也许年轻人会经受一些苦难，但只要有勇气，任何事都不失为一种可能。“毛遂自荐”这个成语的由来就说明了这个道理。

毛遂在平原君门下三年，一直默默无闻，总得不到施展才能的机会。

一次，秦国大举进攻赵国，情况危急。赵王派平原君向楚国求救。平原君决定挑选出20名足智多谋的人随同前往，可是只有19人合乎条件。这时，毛遂主动站了出来说：“我愿随平原君前往楚国。”

平原君一开始不以为然：“一个有才能的人在世上，就好像锥子装在口袋里，锥尖子很快就会穿破口袋钻出来，人们很快就能发现他。而你一直未能显示你的本事，我怎么能够带上没有本事的人同我去楚国行使如此重大的使命呢？”

毛遂并不生气，他心平气和地据理力争说：“我之所以没有像锥子从口袋里钻出锥尖，是因为我从来就没有像锥子一样放进您的口袋里呀。”平原君便答应毛遂作为自己的随从，连夜赶往楚国。

平原君到了楚国，可是这次商谈很不顺利。只有毛遂面对楚王慷慨陈词，对楚王晓之以理、动之以情。楚王终于被说服了，与平原君缔结盟约。赵国于是解围。

事后，平原君说：“毛遂原来真是了不起的人啊！他的三寸不烂之舌，真抵得过百万大军呀！可是以前我竟没发现他。若不是毛先生挺身而出，我可要埋没一个人才了呢！”

毛遂自荐需要一种勇气，有了勇气，才能自己站出来，展示自己的才干，达成自己成功的目的。当然，有勇气的前提是有才干，这也是利用机遇的前提，机遇只会垂青有准备的人。

没有谁一生都在充当着幸运儿的角色，机遇不会永远只停留在某个人的身边，它会在不经意间到来，也会在不经意间溜走，迟疑不定、胆怯懦弱只会放跑机遇。所以，年轻人要想成功地改变命运，就要大胆地展示自己的才华，不要胆怯，赶上机遇这趟班车，才能走向成功！

第8章 全力以赴，竭尽全力不为自己多留退路

成功是建立在全力以赴、尽职尽责做好日常工作的基础上的。千万不要小看一些事情，因为它往往成为决定成败的关键。在生活中，对任何事情都需要全力以赴、倾力付出，不为自己留退路，这样我们才能甩手大干一场。

大胆行动，做事不要畏首畏尾

做任何事情，都要勇往直前，而不要畏首畏尾。如果你总是担心这样或那样，迟迟不肯做出行动，那就会跨不出成功的第一步。在面对自己梦想的时候，有的人总是全力以赴，从来不会畏首畏尾，也不会犹豫不决，因此，他们中的大多数最终真正赢得了属于自己的成功。

安妮是哈佛大学艺术团的歌剧演员，她有一个梦想：大学毕业后，先去欧洲旅游一年，然后要在纽约百老汇占有一席之地。心理老师找到安妮，说："你今天去百老汇跟毕业后去有什么差别？"安妮仔细一想，说："是呀，大学生活并不能帮我争取到去百老汇工作的机会。"于是，安妮决定一年后去百老汇闯荡，老师感到不解："你现在去跟一年以后去有什么不同？"安妮想了一会儿，对老师说："我决定下学期就出发。"老师紧紧追问："你下学期去跟今天去，有什么不一样呢？"安妮有点眩晕了，她决定下个月就去百老汇。老师继续追问："一个月以后去跟今天去有什么不同？"安妮激动不已，说："给我一个星期的时间准备一下，我就出发。"老师步步紧逼："所有的生活用品在百老汇都能买到，你一个星期以后去和今天去有什么差别？”安妮激动地说：“好，我明天就去。”老师点点头，说：“我已经帮你预定了明天的机票。”

第二天，安妮飞赴了百老汇，当时，百老汇的制片人正在酝酿一部经典剧目，许多艺术家都前去应聘。当时的应聘步骤是先挑出10个左右的候选人，然后要求每人按剧本演绎一段主角的对白。安妮到了纽约后，没有着急打扮自己，而是费尽心思从一个化妆师手里要到了剧本，在以后的两天时间里，她闭门苦练。到了正式面试那天，安妮表演了一段剧目，她感情真挚，表演惟妙惟肖，制片人惊呆了，当即决定主角非安妮莫属。

安妮到纽约的第一天就顺利进入了百老汇，穿上了她人生中的第一双红舞鞋，她的梦想实现了，她成为了百老汇的一名演员。我们可以想象一下，假如安妮是一个畏首畏尾的人，总是害怕这样、担心那样，最终她会如愿站在百老汇的大舞台上吗？生活中，有许多像安妮这样怀揣着梦想的年轻人，最初他们也是朝气十足，但在追逐梦想的过程中，他们害怕了，不敢继续拼搏，结果因缺乏勇气而与梦想失之交臂。其实，梦想的实现需要勇敢地拼搏，这样我们才能做那个自己想做的人。

人生从来不会给你第二次选择的机会。在追逐成功的路途中，如果我们选择了后退，选择了迟疑，那我们就会永远失败。当我们不断地抱怨上天是不公平的，但却忘了自己常常因怯弱和畏惧的心理而放弃继续前进，最终导致与成功一次次擦肩而过。其实，只要我们克服胆怯心理，勇往直前，不畏首畏尾，那我们就可以赢得成功。

不遗余力，终会有所收获

当我们毫无保留、竭尽全力地去做一件事的时候，结果往往是成功的。在生活中，这样的例子很多。

在美国西雅图的一所著名教堂里，有一位德高望重的牧师——戴尔·泰勒。有一天，他先向教会学校一个班的学生讲了下面这个故事。

那年冬天，猎人带着猎狗去打猎。猎人一枪击中了一只兔子的后腿，受伤的兔子拼命地逃生，猎狗在其后穷追不舍。可是追了一阵子，兔子跑得越来越远了，猎狗知道实在追不上了，只好悻悻地回到了猎人身边。

猎人气急败坏地说："你真没用，连一只受伤的兔子都追不到！"猎狗听了很不服气地辩解道："我已经尽力而为了呀！"再说兔子带着枪伤成功地逃生回了家，兄弟们都围过来惊讶地问它："那只猎狗很凶啊，你又受了伤，是怎么甩掉它的呢？"

兔子说："它是尽力而为，我是竭尽全力呀！它没追上我，最多挨一顿骂，而我若不竭尽全力地跑，可就没命了呀！"

泰勒牧师讲完故事之后，又向全班郑重其事地承诺：谁要是能背出《圣经——马太福音》中第五章到第七章的全部内容，他就邀请谁去西雅图的“太空针”高塔餐厅参加免费聚餐会。《圣经——马太福音》中第五章到第七章的全部内容有几万字，而且不押韵，要背诵其全文无疑有相当大的难度。尽管参加免费聚餐会是许多学生梦寐以求的事情，但是几乎所有的人都浅尝辄止、望而却步了。

几天后，班中一个11岁的男孩胸有成竹地在泰勒牧师面前，从头到尾地按要求背诵了《圣经》，竟然一字不漏，没出一点差错，而且到了最后，简直成了声情并茂的朗诵。

泰勒牧师比别人更清楚，就是在成年的信徒中，能背诵这些篇幅的人也是罕见的，何况是一个孩子。泰勒牧师在赞叹男孩那惊人记忆力的同时，不禁好奇地问：“你为什么能背下这么长的文字？”

这个男孩不假思索地回答说：“我竭尽全力。”16年后，这个男孩成了世界著名软件公司的老板，他就是比尔·盖茨。

有些事情从表面上看是极其困难的，但只要我们全力以赴，不保留，不妥协，不总是想着自己还有退路，那我们最终是可以成功的。在很多时候，我们之所以失败了，不是因为路途太艰难，而是因为我们丧失了继续前进的勇气，也就是说，我们没有竭尽全力。

每个人都有极大的潜能，通常情况下，一般人的潜能只开发了2%～8%，即便是爱因斯坦那样伟大的科学家，也只是开发了12%左右。有人为此得出了这样一个结论：一个人假如开发了50%的潜能，就可以背完400本教科书，可以学完十几所大学的课程，还可以掌握二十来种不同国家的语言。如果我们还在努力辩解说“我已经努力了”，那只能说你这样的辩解是苍白的，因为只是努力还不够，必须全力以赴。

眼光长远，看清眼前的苦与累

如果你只是用狭窄的眼光去看待身边的人和事，最终我们将很难获得成功；相反，假如我们把眼光放长远一些，不被眼前的苦与累吓倒，坚定自己的目标，那总有一天，我们会站在成功的顶峰。在现实生活中，在通常成功的路上，我们总会遇到这样或那样的困难与挫折，某些人会心生胆怯，不敢继续向前走，他们难以承受眼前的苦与累，最终他们只是在原地踏步，因为他们只看到了眼前的苦与累，却看不到远方阳光的灿烂，所以他们最后什么也得不到。

格哈德·施罗德出生在一个工人家庭，小时候，父亲在远征苏联的战争中牺牲了，施罗德兄妹五人与母亲相依为命。有一段时间，他们住在一个临时搭建的收容所里，尽管母亲每天工作长达14个小时，但仍然不能满足家里的开支。年仅6岁的施罗德总是安慰母亲：“别着急，妈妈，总有一天我会开着奔驰来接你的。”

逐渐长大的施罗德进了一家瓷器店当学徒，后来又在一家零售店当学徒，1963年，施罗德加入了民主党。在之后的10年里，他读完了夜校和中学，后来到格丁根通过上夜大来攻读法律。大学毕业后，他获得了律师资格，成为了一名律师，不久之后，他当选为社民党格廷根地区青年社会主义者联合会主席。在以后的日子里，施罗德一直活跃于德国政坛，46岁那年，施罗德再次竞选成功，成为萨克森州州长，就在这一年，施罗德实现了儿时的愿望，开着银灰色奔驰轿车将母亲接走了。也许，是儿时的苦难记忆，施罗德在人生的道路上丝毫不敢懈怠，8年之后，施罗德一举击败连续执政16年之久的科尔，当选为德国新总理。

童年时期的施罗德曾在杂货铺里当学徒，那时他常说的一句话是："我一定要从这里走出去！"他成功了，而且，比自己想象中走得更远。即使在成功的路上伴随着困难，但是施罗德从来没有把困难当一回事，儿时的记忆让他明白：自己必须将眼界放宽，不被眼前的贫穷和困难吓倒，这样自己才能走得更远。

眼前的苦与累又算得了什么呢？再苦再累，那只是暂时的，只要熬过了这段时间，那未来的日子是值得期待的，因为苦尽甘来，我们所能尝到的是成功的滋味。上帝总是在让你尝到快乐与幸福之前，习惯性地给我们一些考验，即便在我们看来这些考验的过程是又苦又累的，但只要我们全力以赴、努力支撑，即便遇到再大的困难与挫折，也选择不放弃，那我们就一定能品尝到成功的快乐。

退路只会纵容自己的懒惰和欲望

只有不留退路，才更容易找到出路；反之，如果你总是想着退路，就很难获得成功。一个人若是太纵容自己的懒惰和欲望，就很容易迷失方向。或许，有人会说，不留退路是不明智的选择，有了退路，才能在危险的浪潮中获得更多生存的机会，然而，对于大多数人而言，退路往往是诱惑人、蒙蔽人的因子，只要想到了退路，就会觉得这次不全力以赴还会有下次，而在这个时候，成功往往与我们失之交臂。

一个人做任何事情，心中的意图强烈与否会大大影响最终的结果。做任何事情都是一样的道理，当我们全力以赴、破釜沉舟，就一定能成功。假如我们心中先有预想，万一失败了，已经找好了退路，那么成功就比较困难。

在空中自由翱翔的鹰是美丽的，不过，当它们还是幼鹰的时候，却过着十分残酷的生活。母鹰为了让它们学会飞行，一次次将它从高处的树枝或悬崖上扔下，退缩胆小的雏鹰跌落在地上，展翅飞翔的雏鹰死里逃生。而在雏鹰成年的时候，母鹰更是残忍地折断它们的翅膀，把它们从悬崖上扔下，不给雏鹰留任何退路，当雏鹰忍受剧痛，拍翅飞翔，它们便成为了真正的鹰。

一心付出，别为了达到功利性的目的

在中国有句俗语：付出不一定有回报。不要只为了得到回报而付出。很多时候，我们的付出应该是无私的，我们所付出的东西并不一定会让自己得到同等价值的东西。如果你仅仅是为了得到回报才想到去付出，那这样的结果是悲哀的。我们只是在进行一项功利性的交易，这样的界定会让我们产生这样的感觉：当我们在付出的时候，总会小心翼翼地计算自己的损失，是否可以得到回报。如果我们的计算是弊大于利的，我们就会减少付出的时间和精力，甚至会停止付出。

小约翰是商人的儿子，有时他到爸爸的商店里去瞧瞧。店里每天都有一些收款和付款的账单需要经办。小约翰往往需要把这些账单送到邮局寄走，渐渐地，他觉得自己似乎成为了一个小商人。

有一次，他忽然想出一个主意：也开了一张收款账单寄给妈妈，索取他每天帮妈妈做事的报酬。第二天早上，妈妈发现自己餐盘旁边放着一份账单：母亲欠儿子约翰如下款项——取回生活用品20芬尼；把信件送往邮局10芬尼；在花园里帮助大人干活20芬尼；他一直是个听话的好孩子10芬尼，共计60芬尼。

小约翰的母亲仔细看了一遍这份账单，什么也没说。晚上小约翰在他的餐盘旁边找到他所索取的60芬尼报酬，正当他要把这笔钱收进口袋时，突然发现在餐盘旁边还放着一份给他的账单。

约翰欠他母亲如下款项：在她家里过的10年幸福生活0芬尼；他10年中的吃喝0芬尼；在他生病时的护理0芬尼；他一直有个慈爱的母亲0芬尼，合计0芬尼。小约翰读着读着，感到羞愧万分，他怀着一颗怦怦直跳的心蹑手蹑脚地走近母亲，将小脸蛋藏进了妈妈的怀里，小心翼翼地把那60芬尼塞进了她的口袋。

当我们还在计算我们的付出应该有多少回报的时候，又是否想过，关于我们的回报自己又付出了多少呢？在生活中，我们不应该计较得失，更不应该去计算自己付出了多少，就应该得到多少。有的时候，付出不一定是有回报的，有些付出是无私的。

当你不断在计算自己所付出的东西可以得到多少回报的时候，那就意味着你的付出已经大打折扣了，你的付出并不是百分之百地出于内心，而是计较之后的剩余。这样的计较心理对结果会产生很大的影响，以至于我们最后会一无所获。诚然，当我们付出了许多艰辛之后，如果还是一无所获，那是悲哀的，但在这时，你是否回想起，产生这样的结果就在于自己当初犹豫不决，总是在计较付出与回报，总想着回报才导致自己付出不够，因此才导致了最后的失败。

第 9 章　勇者无畏，不惧失败才能不断开拓与挑战

很多时候，成功与否往往只在一念之间，当你第一次遇到失败的时候，你是选择就这样放弃还是努力拼搏呢？人生总会遭遇失败，但失败本身并不可怕，可怕的是我们失去了战胜它的勇气。

勇敢地开拓，终能成就自我

爱默生曾说：“你，正如你所思。”如果你想成就自己，就要先学会勇敢地开拓自己，这样才能向人们呈现出完美的自己。每个人都是勇敢的，他们对自我通常会有一种积极的认识和评价，即便在认清自己的现状之后，一样可以保持奋勇前进的斗志，而这也是他们必须依赖的精神动力。对每一个人而言，做自己想做的人，开拓自己的人生就是那么简单，只要勇敢向前，就一定能够成就自我。

有一天，著名的成功学家安东尼·罗宾接待了一位走投无路、风尘仆仆的流浪者。那人一进门就对安东尼说：“我来这儿，是想见见这本书的作者。”说着，他从口袋里掏出了一本《自信心》，这本书是安东尼多年以前写的。安东尼微笑着请流浪者坐下，那人激动地说：“是命运之神在昨天下午把这本书放入了我的口袋里，因为当时我已经决定要跳进密西根湖，结束生命，我已经看破了一切，我对这个世界已经绝望了，所有的人都已经抛弃了我，包括万能的上帝。不过，当我看到了这本书，我的内心有了新的变化，我似乎看到了生活的希望，这本书陪伴我度过了昨天晚上，我有信心，只要我能见到这本书的作者，他一定能帮助我重新振作起来，现在，我来了，我想知道你能帮助我什么呢。”安东尼打量着流浪者，发现他眼神茫然、满脸皱纹、神态紧张，他已经无可救药了，但是，安东尼不忍心对他这样说。

安东尼思索了一会儿，说：“虽然我没有办法帮助你，但如果你愿意的话，我可以介绍你去见本大楼的一个人，他可以帮助你东山再起，重新赢回属于你的一切。”听了安东尼的话，流浪者跳了起来，他抓住安东尼的手，说道：“看在上帝的份上，请你带我去见这个人！”安东尼带着他来到从事个性分析的心理实验室，面对着一块看来像是挂在门口的窗帘布，安东尼将窗帘布拉开，露出一面高大的镜子，流浪者看到了自己，安东尼指着镜子说：“就是这个人，在这个世界上，只有一个人能够使你东山再起，除非你坐下来，彻底认识这个人，当作你从前并不认识他，否则，你只能跳进密西根湖了，只要你有勇气来重新认识自己，你就能成为你想做的那个人。”流浪者仔细打量自己，低下头，开始哭泣起来。几天后，安东尼在街上碰到了那个人，他已经不再是流浪汉了，而是成为西装革履的绅士，后来，那个人真的东山再起，成为芝加哥的富翁。

假如我们对自己感到绝望，对生活失去了希望，那么可以挽救我们的只有一个人，那就是自己。很多时候，我们希望上帝能救赎自己，甚至把自己的处境归结为被所有人抛弃了，其实，没有人能够抛弃你，除非你已经抛弃了自己。当生活遭遇了挫折与困难的时候，我们唯一能做的就是勇敢向前，一步一步向自己的梦想靠近，最后，我们已经可以成全自己。因为面对挑战和失败是需要勇气的，需要不怕挫折、不怕失败、勇于拼搏的勇气。当我们选择放弃拼搏的时候，我们也就放弃了对成功、对人生的渴望，渐渐地，我们放弃了自己，那就无法成就自我了。

有勇有谋，掌控自己的人生

一个人只有勇气是远远不够的，有勇有谋，才是胜者，更是成功者所必备的条件。每个人都要有勇气，它藏在体内、卧于心中，这是一种精神，更是一种风格。一个人要勇于开拓、勇于创新、勇于冒险，才有可能赢得更大的成功。虽然勇敢者未必能成功，但懦弱者一定会失败。当然，勇敢并不等于鲁莽，也不是粗野，而是一种骨气。勇者更需要智慧，必然事事在先，时时在前，靠近社会，做时代的弄潮儿。

约翰是一家乳制品公司的经理，为了让公司产品上市，他每天都往返于各个超市，希望能在市场中占据一席之地。不过，由于约翰所经营的公司并不大，因此被许多大型超市拒之门外。面对如此遭遇，约翰很不服气，一定要去最大的超市试试。

这天，经过周折，约翰和助手终于见到了当地最大的超市负责乳品的麦先生。事前，他了解到这是一位傲气而冷漠的先生，果然，麦先生本人与了解到的情况一样。按照事先的约定，先由助手跟麦先生谈，可是，不到十分钟，谈话就有了结束的趋势。麦先生面有难色：“现在的排面很紧张，你们的产品虽然看上去不错，但现在竞争也很激烈，能不能卖好很难说……”说完，麦先生就要起身了，他说了一句：“这样吧，你先把资料和样品放下，过后我再看看。”

其实，助手与麦先生谈话的时候，约翰一直在旁边静静地观察，再结合他事先了解到的情况，对策已经在脑海中形成了。就在麦先生快要起身送客的时候，约翰开口了：“麦先生，我能不能跟你谈一下。”或许，见了太多的老板，麦先生几乎无动于衷，显得很不耐烦，约翰说：“我只耽误你几分钟，如果几分钟内你对我的话不感兴趣，那我们自己走人。”麦先生愣了一下，约翰趁热打铁：“我听说麦先生在专业上很有造诣，我只是想跟你交流一下，你不会拒绝我吧？”麦先生脸上露出了笑容，说道：“好吧，好吧！”

约翰继续说：“麦先生，据我所知，本市的乳制品虽然品种很多，但在包装、质量、口感上能上点档次的产品没有几个，你同意吗？”麦先生点点头：“是这种情况！”约翰继续说道：“我想，贵超市也希望在这类产品中能有一个好产品，一方面可以吸引顾客，另一方面也是你的业绩嘛！”就这样，两人攀谈了起来，后来，在约翰的建议下，麦先生亲自尝了他们带来的酸奶。届时，谈判已经取得了大部分的胜利。

对此，约翰这样总结此次的谈判：“有勇更要有谋，俗话说，不打无准备之仗，在事前做好充分的准备，再在谈判中，出奇招制胜。”事实就是如此，假如你有勇气去做一件事，而你事前不做好准备工作，临到与对方沟通的时候，你就很容易吃亏，任凭你耗尽口舌，对方就是不同意，你之前的努力也就化为了乌有。

每一个年轻人如果想在当今的社会立足，甚至有所成就，那就要拿出自己的勇气，不畏惧风雨，不怕挫折，不畏困难，不仅如此，还要有一颗智慧的大脑，才能审时度势，运筹帷幄，决胜千里。或许，暂时我们不能以成功者自居，但却可以做一名勇士，做一个事前的智者。

接纳并迎接困难的挑战，没有挑战就没有成功

如果生活中的困难与挫折是上天对我们的一种考验，那么我们一次次接纳它们就是一次次的挑战。在迎接挑战之后，即便我们失败了，也没什么可怕的，只要你在失败中不断地积累经验，终能将失败变成财富。其实，遭受失败并不可怕，关键是用积极的心态来面对。只要我们能改变心态，把每一次失败都当作考验自己的机会，把它当作超越自己的一次机遇，那么，我们就不会沉浸在痛苦里，甚至会感谢失败让我们看清了真相、获得了经验。失败会让人变得成熟，它是人生的一笔宝贵财富。

和田一夫21岁那年，自己经营的位于静冈县热海家的蔬菜水果店被一场大火烧毁，和田一夫几乎失去了所有，但是，失败并没有让他放

弃希望，他将烧成平地的100坪土地拿去做抵押，借钱买了块300坪的土地，盖了一个超级市场，开创了日本八佰伴。

1972年，和田一夫和日本野村证券公司第一次考察新加坡市场，然而，就在新加坡，他碰到了两件令自己苦恼的事情：由于新加坡租金太贵，完全超出了自己的预算；在新加坡期间，和田一夫无意中听到一位的士司机讲了一段日本人杀害新加坡人的国仇家史。对此，和田一夫说："对日本百货公司来说，20世纪70年代是一个必须面对历史的时代。"回到日本后，和田一夫告诉了董事们这两件事，结果董事们纷纷表示反对投资新加坡。但是，和田一夫明白"零售业成功的因素是要消费者口袋里装着钞票"，于是，和田一夫在新加坡开辟了第一个亚洲市场。1976年，受世界石油危机的冲击，巴西八佰伴被迫关门。通过这次教训，和田一夫领悟到："不该死守一个地方，要大胆调动资金，分散资产。"紧接着，八佰伴从东南亚"流通"到了中国台湾、中国香港中国大陆。80年代末期至90年代初期，整个亚洲经济处于全盛时期，和田一夫的八佰伴集团在16个国家拥有了400多家百货公司，八佰伴集团坐上了世界零售业第一把交椅。

1997年，和田一夫负责掌管日本八佰伴公司的弟弟，因被指控欺骗日本财政部而被法庭判定有罪，当时也判定和田一夫结束所有海外企业，回日本受审。当时，日本媒体称和田一夫将资金调动到中国，拖累了日本八佰伴。一夜之间，和田一夫变成了一个连累八佰伴股东和员工的罪人。这时，和田一夫做了决定，宣布"自我破产"，交出所有财物，向企业界告别，搬到一个租来的房子里。

如今，和田一夫成立了“和田一夫企业咨询公司”，他的日常工作就是用电脑给许多企业家回答问题，为企业团体作演讲。同时，他以探讨自己的失败为内容撰写了《从零开始的经营学》，这本书成为了日本经典著作之一。对此，和田一夫这样说：“失败是我的财富，我想将这个企业咨询网络像当年八佰伴一样伸展到亚洲，甚至全世界。”

人生就像一次攀岩，充满着惊险与困难，处处考验着你的勇气与意志。也许，在攀登过程中，我们会无数次遭遇陷阱，但只要不畏惧挑战，不因一次的跌倒而丧失斗志，那胜利的曙光将会永远地照耀着我们。生活中的困难与挫折都是磨刀石，只要我们迎难而上，它就会使我们的意志更加顽强。困难与挫折，对我们何尝不是一种挑战？困难可以使我们从奢侈中解脱出来，更加坚定人生的方向；战胜挫折需要巨大的勇气，而有勇气的人注定会走向成功。

一个不能接受挑战、只是较真失败带来痛苦的人，无法看清成功的本质，从挑战的过程中学到的东西，往往比从成功中学到的还要深刻。成功，总是在经历多次挑战之后才姗姗来迟，正确面对挑战，才会走向成功。

勇敢向前，成功孕育于逆境中的奋斗

“勇敢向前，失败是成功的垫脚石。”自古以来，伟人大多是抱着不屈不挠的精神，在逆境中挣扎着奋斗过来的。在人生这条充满荆棘的路上，我们常常会遇到这样或那样的挫折与困难。当然，不同的人对挫折有着不同的理解，有人说挫折是人生路上的绊脚石，但挫折是一种磨砺，会让今后的路更加平坦。古人曰：“百糖尝尽方谈甜，百盐尝尽才懂咸。”与河流一样，如果人生不经受历练，那就显得单调、幼稚，甚至可以说，不经历挫折的人生是空白的。经历了失败之后，踩着失败这块垫脚石，我们才能站得更高、走得更远，成功也会如期而至。

失败造就生活，凡是能够成大事者，他们必经得起失败的历练，经得起失败的打击，因为成功需要风雨的洗礼，而一个有追求、有抱负的人，他总是视失败为动力。所以，失败对天才来说是一块成功的跳板，对强者来说则是一笔宝贵的财富。所谓的失败是一所修炼人生的高等学府，你是否能顺利毕业则源于内心那股强劲的勇气。

一个人假如经不住失败，受不了历练，处处较真，将沉没在痛苦的生活里，永远没有希望，也没有前进的方向。其实，失败带来的并不完全是坏事，它能使我们的人生绽放出最美丽的成功之花，而我们从失败中汲取的教训将是我们迈向成功的垫脚石。失败的必然性让我们在遇到它时没有必要怨天尤人，更没有必要处处较真。因为失败不具备不可战胜性，所以，面对失败，不必畏惧，心怀勇气，迎难而上，把生活中的每一次失败都看作是上天考验我们的一次机会，只要心中怀着必胜的信念，我们就可以赢得成功。

勇者无敌，失去勇气，就失去了一切

一个人要给自己一个明确的定位，战胜内心的恐惧才可以真正做到勇者无敌。生活中，有的人安于现状、不思进取、害怕失败，最终，他们永远滞留在没有成功的起点。而那些富于勇气的人，给自己一个明确定位，他们遇事不畏缩、不恐惧，即使内心隐隐不安，但他们也能勇敢地超越自我。这样的人，他们浑身上充满了活力，能解决任何问题，凡事全力以赴，最终成为最伟大的胜利者。

杰克·韦尔奇出生在一个典型的美国中产阶级家庭，父亲在铁路公司工作，每天早出晚归，因而，培养孩子的任务就落在了母亲身上。与其他母亲不太一样，她对韦尔奇的关心更注重在提升他的能力和意志上。母亲是一位十分有威信的人，她总是让韦尔奇觉得自己什么都能干，教会了韦尔奇独立学习。每当韦尔奇的行为有所不妥，母亲总是以正面而有建设性的意见唤醒他，促使韦尔奇重新振作，母亲虽然话不是很多，但总令韦尔奇心服口服。

母亲一直持有这样的理念：坦率地沟通、面对现实、主宰自己的命运。她将这三门功课教给了韦尔奇，使得韦尔奇终身受益。母亲告诉韦尔奇：“要掌握自己的命运就必须树立自信。”韦尔奇成年以后还是略带口吃，但是母亲安慰韦尔奇：“这算不上什么缺陷，只不过思维比开口快了一些。”正是母亲给予的这份自信，让口吃不再成为阻碍韦尔奇发展的绊脚石，而是成为了韦尔奇骄傲的标志。美国全国广播公司新闻部总裁迈克尔对韦尔奇十分钦佩，甚至开玩笑说：“他真有力量，真有效率，我恨不得自己也口吃。”

韦尔奇的中学成绩可以进美国最好的大学，但是，由于种种原因，他最后只进了麻州大学。刚开始，韦尔奇感到十分沮丧，但进入大学以后，他的沮丧变成了幸运。他后来回忆这段经历，这样说道：“如果当时我选择了麻省理工大学，那么我就会被昔日的伙伴们打压，永远没有出头的一天，然而，这所较小的州立大学让我获得了许多自信，我非常相信一个人所经历的一切，都会成为自信的基石，包括母亲的支持、运动、上学、取得学位。”韦尔奇的大学班主任威廉这样评价他：“他的双眼总是很自信，他痛恨失败，即使在足球比赛中也一样。”1981年，韦尔奇成为了历史上最年轻的CEO，他是通用电气公司董事长。而自信成为了通用电气的核心价值观之一，韦尔奇这样说：“所有的管理都是围绕自信展开的。”

心理学家通过研究发现：人们在没有经历一些事情的时候，总是会先对自己形成一种心理暗示，比如，将一块宽30厘米、长10米的木板放在地上，人们通常都能够轻易地从上面走过去，但如果把这块木板放在高空中，许多人就会因恐惧而不敢迈步。这时人们往往会形成一种自我暗示：我会掉下去。在这样的暗示作用下，他们会感到恐惧，害怕自己真的会掉下去，虽然事实并没有发生，但他们内心还是会隐隐不安。

歌德曾说："你失去了财产，你只是失去了一点；你失去了荣誉，你失去了许多；你失去了勇气，你就把一切都失去了！"每一个人都会给自己一个准确的定位，然后朝着既定的方向勇往直前，从而战胜内心的恐惧。人生是一叶小舟，勇气是引航的灯塔和推进的风帆，没有勇气的人生就像是失去了方向和动力的小舟，只能在生活的波浪中随处漂泊，还有可能沉没在激流之中。

第 10 章 燃烧激情，始终迸发出火一般的热情

麦克阿瑟说过：“你有信仰就年轻，疑惑就年老；有自信就年轻，畏惧就年老；有希望就年轻，绝望就年老。岁月刻蚀的不过是你的皮肤，但如果失去了热忱，你的灵魂就不再年轻。”

没有任何一项伟大的事业不是因为热忱而成功的

火一般的炙热可以融化每一个人。爱默生曾这样说：“有史以来，没有任何一项伟大的事业不是因为热忱而成功的。”爱默生所说的“热忱”是什么呢？美国著名人际学大师卡耐基曾在自己办公桌上挂了一块牌子，在镜子上也挂了同样一块牌子，麦克阿瑟将军在南太平洋指挥盟军时，其办公室墙上也挂了这样一块牌子，这三块牌子上写着相同的座右铭：“你有信仰就年轻，疑惑就年老；有自信就年轻，畏惧就年老；有希望就年轻，绝望就年老。岁月使你皮肤起皱，但是失去了热忱，就损伤了灵魂。”

拿破仑·希尔说：“热忱是一种意识状态，能够鼓舞及激励一个人对手中的工作采取行动。”其实，不仅如此，热忱还具有极强的感染力，不仅对怀着热忱的人产生重大影响，还会感染所有和他接触的人。热忱是行动的主要推动力，有的人清楚地知道怎样鼓舞追随者发挥出热忱，那么他们在最后就成为了人类最伟大的领袖，拿破仑就是崇尚热忱的一位卓越领导者。他每次在评估一个人的时候，不仅考虑他的才干和能力，还将考虑他的热忱，因为拿破仑·希尔认为，如果你有热忱，几乎就所向无敌了。

满怀热忱，更容易成功

爱默生曾说：“一个人如果缺乏了热情，是不可能有所建树的。热情像糨糊一样，可让你在艰难困苦的场合里紧紧地粘在这里，坚持到底，它是在别人说你‘不行’时，发出内心的有力声音——‘我行’。”热忱是做事成功的第一要素，有时候，一些人难以获得成功，并不在于他们的能力有多差，而在于他们对成功本身缺乏了应有的热忱。美国自然科学家杜利奥提出：“没有什么比失去热忱更使人觉得垂垂老矣，精神状态不佳，一切将处于不佳的状态。”这就是著名的杜利奥定律。在生活中，人与人之间只有微小的差异，但是，这微小的差异往往会造成巨大的差距。

一位将军去沙漠参加军事演习，妻子塞尔玛需要随军驻扎在陆军基地。沙漠干燥高热的气候，使塞尔玛感到很难受，而身边又没有可以倾诉的人，陷于孤独的塞尔玛就经常给父亲写信，在信中透露出自己想回家的强烈愿望。然而，拆开父亲的回信，只有短短的两行字：“两个人从牢中的铁窗望出去，一个看到泥土，一个却看到了星星。”父亲的回信令塞尔玛十分惭愧，她决定要在沙漠里寻找星星。

从此以后，塞尔玛开始与当地人交朋友，彼此之间互相赠送礼物，闲来无事时，她开始研究沙漠里的仙人掌、海螺壳。慢慢地，她迷上了这里，通过亲身的经历，她写了一本《快乐的城堡》。

沙漠并没有改变，当地的印第安人也没有改变，是什么使塞尔玛的生活发生了巨大的变化呢？心理，当然是心里的热忱，以前悲观的塞尔玛看到的只是泥土，当心中充满热忱之后，乐观的塞尔玛在沙漠里寻找到了星星。

纽约中央铁路公司前总经理佛瑞德瑞克·威廉生说过：“我越老越相信热忱是成功的秘诀。”那么到底什么是热忱？热忱源自希腊语，意思是“受了神的启示”。热忱，是发自内心的兴奋，而不是虚伪的表象，热忱是一种内在的精神质量，然后散布到这个人的全身心。拿破仑的母亲曾对他说：“我从没有放弃过给你忠告，无论以前的忠告你接不接受，但这一刻的忠告你一定得听，而且要永远牢记。那就是世界从来就有热忱和兴奋的存在，它本身就是如此动人、如此令人神往，所以，你自己必须要对它敏感，永远不要让自己感觉迟钝、嗅觉不灵，永远不要让自己失去那份应有的热忱。”

麦克阿瑟将军说：“你有信仰就年轻，疑惑就年老；有自信就年轻，畏惧就年老；有希望就年轻，绝望就年老；岁月使你皮肤起皱，但是失去了热忱，就损伤了灵魂。”这几乎是对“热忱”最好的赞美词，事实上，这并不是一段单纯而美丽的话语，而是迈向成功的必要途径。因为满怀热忱，在奋斗的路途上，我们会更容易获得成功。

激情是一种动力，促使人们付诸行动

激情是人类意识的主流，能够促使一个人把思想付诸行动。对我们来说，激情是不可缺少的，所有成功者都了解激情的心理，所以，他们以各种方式来应用这种心理，以协助其手下的人达到更多的目的。许多领导者以激情的态度投入到工作中去，目的在于鼓舞所有员工的士气，鼓舞他们努力工作。

激情是一种动力，它会不断促使人们去开拓自己、成就自己。激情是一种不可抗拒的力量，足以克服一切障碍和不如意。激情是一种工作的精神特质，它代表着一种积极工作的精神力量。当然，这样的力量是不稳定的。不同的人，激情程度与表达方式不一样；同一个人，在不同的情况下，激情程度与表达方式也不一样。总而言之，激情是每个人都具有的，只要善于利用，就可以使之化为巨大的能量。

激情是一个人迈向成功的无限动力。激情为我们所做的每一件事情都增添了火花与趣味，无论事情有多困难，我们都会以不急不躁的态度去完成。只要怀着满腹激情，任何人都会成功。查尔斯·史考伯曾说：“对任何事都充满热忱的人，做任何事都会成功。”在日常生活中，即使自己失意了，我们也应该避免失败者的态度，不要认为自己失败了就再也没有办法重新获得成功；相反，我们应该给自己找一个进取的理由，怀着热忱的态度，鼓舞自己和家人，只有充满热忱和希望才能面对未来，最后才会赢得成功。

对自己每天的工作抱着热忱的态度

威廉·费尔波是耶鲁大学最著名且深受欢迎的教授之一，他非常热爱自己的工作，曾经这样谈起自己的工作：“对我来说，教书凌驾于一切技术或职业之上。如果有热忱这回事，这就是热忱了。我的爱好是教书，正如画家爱好绘画，歌手爱好唱歌，诗人爱好写诗。每天起床之前，我就兴奋地想着有关学生的事……人的一生之所以能够成功，最重要的因素是对自己每天的工作抱着热忱的态度。”

沃尔玛商业的创始人山姆·沃顿充分肯定热情在工作中的重要性，他要求公司的每一位员工都要热爱自己的本职工作。假如哪一位员工没有热情，那么就只能请他走人了。

当一个顾客走进沃尔玛商场时，他在30秒钟之内便能得到亲切的问候，即便商场职员都在为别的顾客服务。在这种情况下，职员通常会请正在为之服务的顾客原谅：“对不起，我去跟那位顾客打个招呼，请您稍等片刻，您不会介意吧？”这些话经常会得到顾客的原谅和好感。

在职员们问候完新到的顾客后，他通常会加上一句：“感谢您的耐心等待，很快将会有人过来为您服务。”刚到的顾客和已到的顾客都会感到非常满意，因为自己受到了热情的接待。

当然，沃尔玛商场的这种洋溢的热情得到了回报，因为每一个职员都热爱自己的工作，在这里，每一位顾客都会感觉到自己是上帝。10年前，美国最大的零售商：排名第一位的是西尔斯，第二位的是蒙哥马利忠心，第三位的是彭尼零售店。今天，西尔斯依然是世界上最大的零售商，其次是商场，第三是沃尔玛商场。

同样一份工作，由同一个人来干，是否热爱自己的工作，效果是截然不同的。热爱自己的工作，会让员工变得十分有活力，工作干得有声有色，创造出许多辉煌的成绩；而不热爱自己的工作，则会让员工变得懒散，对工作冷漠处之，当然就不会有什么发明创造，也会影响其潜在能力的发挥。作为一个工作人员，你不关心别人，别人也不会关心你；你自己垂头丧气，别人自然对你丧失信心；你成为这个职业群里一个容易被忽视的人，那你自己也就等于取消了自己继续从事这份工作的资格。

所有的成功都从热爱自己的本职工作开始。有人曾做过一项调查：在现实的工作中，有82%的人把工作当作苦役，迫不及待地想要摆脱工作的枷锁。剩下的18%也并不是都喜欢工作的，大多数还抱着一种无所谓的态度，只有少数的2%的员工是真心地为工作付出全部热情，当然，这少数的职员才是公司里真正的精英。当我们在工作中遭遇挫折或失败的时候，我们总喜欢以外界的理由去为自己开脱，如竞争太过激烈等，他们很少会仔细地审视一下自己，自己是否热爱自己的本职工作，如果你只是无精打采地上班，磨磨蹭蹭地工作，那只会让老板下定辞退你的决心。

永葆活力，不轻易放弃

乔·吉拉德是一位充满活力的人，由于他活力四射，很快就成为了全美汽车销售冠军。他曾感叹说：“我从事销售工作多年，见到过许多人，由于对工作保持活力，他们的绩效成倍地增加。我也见过另外一些人，由于缺乏活力而走投无路，我深信活力是成功推销的最重要因素。”因为对这件事充满着热忱，才会保持活力，才不会那么轻易地放弃，而最终会坚持到底。

20世纪80年代，因遭人嫉妒和猜忌，艾科卡被老板免去了福特汽车公司总经理的职务。面对打击，他没有消沉，而是下定决心重新开创一片天地。为此，他拒绝了许多家优秀企业的招聘而接受了当时濒临破产的克莱斯勒公司的邀请，担任该公司的总裁。

正式担任总裁职务之后，他开始实施以品质、生产力、市场占有率和营运利润等因素来决定红利政策。不仅如此，他还做出了这样一些规定：主管人员如果没有达到预期目标就扣除25%的红利。在公司尚未走出困境之前，最高管理层各级人员减薪10%。

这个政策推出之后，公司的元老很反对，认为这样做是损害了自己的利益。虽然，这时艾科卡承受了很大的压力，但他却冷静地对待这一切，而且自己只拿一美元的象征性年薪，让反对他的人无话可说。

为了争取政府的贷款，艾科卡四处游说，找人求人，接受国会各小组委员的质询。甚至，由于过度劳累，导致艾科卡眩晕症发作，差点晕倒在国会大厦的走廊上。面对这些困境，他却总是保持活力，把一切都忍了下来。最后，他领导克莱斯勒公司走出困境，到1985年第一季，克莱斯勒公司获得的净利高达五亿多美元，而艾科卡本人也成为了美国的传奇人物。

案例中，艾科卡之所以可以取得这样巨大的成功，其秘诀是保持活力，为了目标努力耕耘，保持勇往直前的热情。当然，活力与人的关系，就好像发动机与机器的关系：活力是行动的主要推动力，能够激励一个人对自己所做的事情采取行动。活力是一种重要的力量，懂得如何利用这种力量的人会给自己带来用不完的精力，然后发展成一种坚强的个性。

当一个人总是保持神采奕奕的状态，那他干什么事情都会坚持到底，绝不会半途而废。当然，所谓的活力是源于内心的热忱，因此活力具有强烈的感染力，所有和它有过接触的人都会受到深远的影响。对艺术保持足够的活力，不放弃，不半途而废，就可以成就旷世杰作和伟大的艺术家；对商业保持绝对的活力，就可以获得丰厚的利润，甚至成就商业帝国。活力，会让我们对某件事坚持到底，而这样的品质正是成功所需要的。

第 11 章　力争第一，不断奋进方能永登巅峰

我们发现，在任何成功者的字典里，从没有“认输”这两个字，他们总是在不断奋进，挑战自我，力争第一。力争第一，是一种积极向上的心态，它为所有人创造了一种前进的动力。“逆水行舟，不进则退”，在21世纪，竞争没有疆界，我们也应该有强烈的永争第一的精神，应开放思维，站在一个更高的起点，给自己设定一个更具挑战的目标，才会有准确的努力方向和广阔的前景。

向第一冲刺，第二名与最后一名没什么区别

不争第一的士兵绝不是好兵，因为只有第一离成功最近。在日常生活中，我们所关注的往往只是第一，比如，世界上最高的山峰、最长的河流、奥运会上的冠军，等等。假如问到谁是第二？那估计许多人都是回答不上来的。现代社会的紧张节奏，让人们根本没有耐心去关注谁是第二。所以，在很多时候，对于大多数人而言，第二名与最后一名没什么区别。别看只是一名之差，第一和第二的距离，就是卓越和平凡的距离。如果我们想要得到他人的认可，就必须不断努力、不断向前，随时以一种力争第一的心态去奋斗。

不管做什么事情，都要勇争第一。赛场比赛的冠军和亚军从最后的结果上看虽然只有一步之遥，但他们在享有的名誉和利益方面却相差甚远。一个是经过努力获得回报的成功者，一个是同样付出却功亏一篑的失败者。因此，只有那些永争第一，力求做最好的自己的人，才有更多的机会成为最后的胜利者。中国有句古话，胜者为王，败者为寇。这句话的另一种阐释就是“只有第一，没有第二”。

永不停歇，永不停止向前的脚步

在人生的道路上，永远要保持奔跑的姿势，因为随时都有人在追赶你。美国历史上最伟大的总统罗斯福，从小就患有小儿麻痹症，下肢残疾。像这样一个人，他通过比常人更加艰苦、努力的奋斗，在美国人中获得广泛的人心与支持，成为美国历史上唯一一位连任四任的总统，四次实现了孩提时的梦想。他为什么会获得如此成功？原因在于他没有停止脚步，一刻也没有停，即便知道自己生病了，他也没有停止向前的脚步，因为他知道，自己不前进，就会有更多的人从自己身边跑过去。

美国的大富豪洛克菲勒给儿子约翰的信中说：

老实说，我是一个不服输、坚持到底的人，从小我就想成为巨富。对我来说，我受雇的休伊特·塔特尔公司是一个锻炼我的能力、让我一试身手的好地方。它代理各种商品销售，拥有一座铁矿，还经营着两项让它赖以生存的技术，那就是给美国经济带来革命性变化的铁路与电报。它把我带进了妙趣横生、广阔绚烂的商业世界，让我学会了尊重数字与事实，让我看到了运输业的威力，更培养了我作为商人应具备的能力与素养。所有的这些都在我以后的经商中发挥了极大效能。我可以说，没有在休伊特·塔特尔公司的历练，在事业上我或许要走很多弯路。

人类拥有巨大的潜能，而这种潜能的激发，在很多时候都来自一种强烈的追求，来自不懈的追求，永不停止的脚步。生活总是这样，如果我们不努力，那么越来越多的机会就会与我们擦肩而过，我们只能懒散地落在后面，眼睁睁看着别人迎接成功。

人生就是一个不断前进的过程，如果你觉得累了、倦了，不想继续走了，那你注定将落在别人的后面。有时候，追赶我们的看似是别人，其实是自己，当我们太过于自满，不懂得进步的时候，我们浑然忘记了这个世界还需要奋斗，我们只会被时代淘汰，甚至在不知所以的情况下被淘汰。成功就在远方，关键在于我们是否能坚持前进的脚步，保持永不停歇的姿势。

我们每个人都是成功人生的缔造者

你就是最好的自己，你就是永远的第一。很多时候，我们总是习惯与他人比较，觉得自己能力不如人，长得也不那么漂亮，好像自己真的一事无成。然而，命运对每个人来说都是公平的，“垃圾也不过是放错了位置的财宝”，更何况对于我们而言呢？我们每个人都有自己的价值，这是不容置疑的，我们需要做的就是不要忽视自己的价值，做自己的第一。虽然我们与某些人比起来，总存在这方面或那方面的差距，不过，总是比较，只会带给我们一些失落与沮丧，在比较之后，我们会变得堕落。与其去比较，不如做最好的自己，做自己的第一。

一位学者到了风烛残年的时候，感觉到自己的日子已经不多了，他想考验和点化一下自己那位看起来很不错的助手。于是，他把助手叫到床前说："我需要一位最优秀的传承者，他不但要有相当的智慧，还必须有充分的信心和非凡的勇气……这样的人直到现在我还没有见到，你帮我寻找和发掘出一位，好吗？"助手坚定地回答说："好的，好的，我一定竭尽全力去寻找，不辜负您的栽培和信任。"

于是，这位助手就想尽一切办法来为老师寻找继承人，然而，每次他领来的人都被学者婉言谢绝了。后来，已经病入膏肓的学者挣扎着坐起来，拍着助手的肩膀说："真是辛苦你了，不过，你找来的那些人，其实还不如你……"半年之后，眼看学者就要告别人世，但最优秀的人还是没有找到，助手十分惭愧，泪流满面地对老师说："我真对不起您，令您失望了！"学者叹息着说道："失望的是我，对不起的却是你自己……本来最优秀的人就是你自己，你就是自己的第一，只是你不敢相信自己，总是与他人相比，才把自己给忽略、耽误、丢失了……其实，每个人都是最优秀的，差别就在于如何认识自己、如何挖掘和重用自己……"话还没有说完，学者就永远离开了这个世界。

假如想着自己是最优秀的，那么你将是心中永远的第一名；假如习惯与他人比较，总是不敢相信自己、忽略自己、丢失自己，那么或许你就会成为那个一事无成的人。每个人都有一座宝藏，这座宝藏就是潜力和能力，不要去比较，只要不懈地挖掘自己的宝藏，积极运用自己的潜能，争做心中的第一名，你就能够做好自己想做的一切，你就能主宰自己的生活。

一定要相信自己就是第一名。我们可以去仰慕他人，但是，绝对不能忽略自己；我们可以去相信他人，但最应该相信的是自己。如果要想不甘于做平庸者，就要摆脱自我怀疑的心理，不要盲目去比较，相信自己就是心中的第一名。每个人都向往成功，我们每一个人都是自己成功人生的缔造者。在一个人的一生中，能力并不是决定成功的关键因素，只要我们相信自己，才能使自己走出成功的第一步。

不断前行与超越，不断攀登巅峰

有一家空调制造厂，因为员工一直完不成定额，主管非常着急，他已经用尽了所有办法，又是说好话又是鼓励又是许愿，甚至还采用了"完不成定额，就走人"的威胁手段，可还是没有一丝的效果。他只好向总经理如实汇报。

总经理在主管的陪同下走进了工厂，当时，日班马上就要结束了，总经理问一位工人："请问，你们这一班今天制造了几部空调？""5部。"那位工人回答。总经理没有再说话，只是拿了一支粉笔在地板上写下一个大大的数字"5"，然后转身离开了车间。夜班工人接班的时候，看到了那个"5"字，便问是什么意思，那位准备交班的日班工人详细地做了解释。夜班工人看着那个"5"字，越看越觉得刺眼。

第二天早上，总经理再次来到工厂，他看到夜班工人已经把那个“5”字擦掉，重新写上了一个大大的“6”字。而日班工人接班的时候当然看到了很大的“6”字，他们毫不示弱，抓紧时间干活。当天晚上下班的时候，他们在地板上留下了具有示威性的特大数字“9”。逐渐，情况有所好转，工厂的产量大幅提高。

如果经理不进行激励机制，那么工人们只会相信自己一班可以制造五部空调，制造九部空调是远远不可能的。为什么呢？因为人们已经习惯了固步自封，或许说他们在赢得一点成绩之后就会停止向前，满足于自己所获得的成绩，其实，这是一个危险的信号。我们应该明白，人生是没有顶峰的，只有不断前行，不断超越自己才是生命的意义所在。

只有不断地去超越，生活才会充满希望和乐趣。中国有句老话：“百尺竿头更进一步。”即便到了百尺竿头的顶端，赢得了很大的成就，也不能骄傲自满，而是继续努力，再接再厉，去赢得更大的胜利。不管是在生活中还是工作中，只有会超越自己的人才会胜利，当你找到了超越目标，不论你向前进步了多少，哪怕只是一点点，只要你勇往直前、永不退缩，就是勇者。生活中，有的人太自满，认为自己做得不错，就适可而止了。其实，这还远远不够，不满足是向上的车轮，即便你有多么优秀，也不要停下来，因为人生是没有顶峰的。

第12章 主动出击，奋发向上才能不断实现卓越

我们都知道，我们所生活的时代是充满竞争的时代，任何一个人，如果不积极进取，都将被社会淘汰，成为落后者。如遍布地球的恐龙就是难以适应变化的庞然大物，最终绝迹于地球上。人也是一样，如果消极被动，没有适应环境的本领，情绪将陷入迷茫，生活将会处在一种障碍重重的环境中。实际上，我们每个人都要明白，无论做什么事，被动只会带来失败，积极进取，主动出击，你就能不断实现卓越。

从逆境中崛起，缔造辉煌

什么是逆境？逆境就是人在做某事的时候，不仅做起来不顺利，还有可能遭受挫折和失败。没有人的一生能够一帆风顺，总会有各种各样的坎坷。逆境是一道分水岭，有人在逆境面前颓废沉沦，他们觉得这就是自己的末日，自己再也不可能重现以往的辉煌，于是这些人在逆境的泥潭里消失无踪了；有的人却积极地应对逆境，因为他们相信风雨过后就会有彩虹，他们沉着地应对逆境给予的难得的训练机会，不断将自己锻炼成一个能经受任何风雨的钢铁战士。

犹太实业家路德维希·蒙德，学生时代曾在海德堡大学同著名的化学家布恩森一起工作，他发现了一种从废碱中提炼硫黄的方法。后来，他移居英国，将这一方法带到英国，几经周折，才找到一家愿意同他合作开发的公司，结果证明他的这个方法是有经济价值的。蒙德因此萌生了自己开办化工企业的想法。他买下了一种利用氨水的作用将盐转化为碳酸氢钠的专利，这种方法是他参与研究的，当时还很不成熟。他在柴郡的温宁顿买下一块地用来建造工厂。同时，他继续实验，终于解决了技术上的难题。1874年，厂房建成，起初的生产状况并不理想，成本居高不下，连续几年完全亏损。同时，当地居民由于担心大型化工厂会破坏生态平衡，都拒绝与他合作。在逆境中的坚韧性格帮助了他，遇到如此大的逆境，他依然毫不气馁，终于在建厂6年后取得了重大的突破，产量增加了3倍，同时成本也降了下来，产品由原先的每吨亏损5英镑，变成了赢利1英镑。当时的英国还在实行日工作12小时的工作制度，而蒙德做出了一项重要的决定：一天工作8小时。事实证明，一天工作12小时和一天工作8小时的成绩是一样的，因为工人的积极性变高了。人们纷纷涌入蒙德的工厂寻求工作，因为工厂规定，只要在这里做工，就可以获得终身保障，父亲退休的时候工作还可以传给儿子。后来，蒙德的企业成了全世界最大的生产碱的化工企业。

逆境中应该学会坚强，在逆境中磨炼一颗能经受任何挫折的心。《圣经》认为，人生来就是要赎罪的。一个人死的时候，就是苦难结束的时候。而有些人在遇到逆境的时候，不是怨天尤人就是怨声载道，结果终于在唉声叹气中向逆境缴械投降了。

成功者对待逆境的态度值得我们每一个人学习，他们在逆境面前泰然自若，依旧做自己该做的事。他们明白，自己再怎么惊慌失措，事情终究要解决，而解决的办法只有一个，那就是行动。

在逆境中，我们可以积蓄自己的力量，锻炼抗击打的能力；可以看出谁是我们志同道合的朋友，谁是不值得深交的小人。逆境不是成功路上的绊脚石，而是通向成功的垫脚石。成功不会随随便便就降临在人们的头上，只有经受了逆境的成功，才能存在得更长久。

非凡的努力，才能带来非凡的成就

赫伯特·查尔斯·布朗于1912年出生在伦敦一个手工制造金饰品的犹太家庭，他父亲为了躲避排犹，把家迁到了美国的芝加哥，并在那里经营一家小五金店，日子过得不算富裕。布朗的父亲从孩子很小的时候就按犹太民族的方式教育孩子长志气、努力上进……后来，又倾其所有供他上学。小布朗十分用功，放学后还坚持学习，家里没有电灯，他就到路灯下学习。下雨的时候，就打着伞在路灯下学习。他的学习成绩进步很快。布朗14岁的时候，父亲去世了，于是他不得不退学来经营五金店，但他还是一直在坚持自学。母亲知道他想学习，于是在他17岁的时候，让他去读了高中，虽然他已经三年没有上学了，可是他依然凭借自己的勤奋以优异的成绩考上了赖特初级学院。在大学期间，他对化学产生了浓厚的兴趣，教授十分看好他，并一直指导他学习，还建议他去芝加哥大学学习。对一个穷孩子来说，这是一件十分困难的事。因为他需要一边打工一边读书，只有靠奖学金才可以上学。后来，他果真取得了奖学金进入了芝加哥大学化学系。布朗进入芝加哥大学后依然十分勤奋，仅用了9个月的时间就完成了大学4年的全部课程。大学毕业后，由于他的勤奋刻苦，他成了著名化学家斯蒂格利茨的助手。他一边工作，一边读研究生，仅用一年的时间就获得了硕士学位，又在第二年得到了博士学位。后来，凭借自己的勤奋，他在有机硼方面做出了独特贡献，1979年，他获得了诺贝尔化学奖。

人必须经过勤奋努力才能在某方面获得成功，布朗就是凭借自己的勤奋才取得了如此骄人的成绩。一个人无论天生再怎么聪明，如果不注重后天的学习，天分终究会在某天消失。而一个人无论天生再怎么普通，只要有勤奋的精神和毅力，将来也会获得骄人的成就。众所周知的著名物理学家爱因斯坦，小时候曾被老师认为是笨学生，但是他后来取得了物理学上的重大成就。他的至理名言是："在天才和勤奋之间，我毫不犹豫地选择勤奋，它几乎是世界上一切成就的催生婆。"

许多成功人士一直在用他们的亲身经历向我们阐述着——人若想取得超常的成绩，非得付出超常的努力不可。如果你想取得成功，就要比别人更加勤奋。

对于成功者而言，勤奋并不是一味地吃苦，他们会将此认为是不会产生多少作用的蛮干。他们认为，老板可以自己不勤奋，但是他应该能让他的员工勤奋。所以就算是要勤奋，他们认为那也应该是能产生巨大价值的勤奋，而不是一味地埋头苦干。很多成功的商人在最初创业的时候，一般都是靠勤奋才成就一番事业的。在成就事业之后，他们也会勤奋，只是这种勤奋会用在管理等其他统筹方面的工作上。

由此我们可以知道，勤奋是成功的一个很重要的条件。

脚踏实地，此刻就开始向目标出发

成功者一般都习惯给自己制定一个明确的目标，然后根据目标采取行动，逐渐实现自己的目标。在成功者看来，在人生的竞技场上，如果没有确定的目标，不能在逆境中完善自己，是不会成功的。

有一个年轻人向首领讨要一块土地，首领给了他一根标杆，让他把标杆插到一个适当的地方，并答应他：如果日落之前能返回来，就把首领驻地和标杆之间的土地送给他。年轻人因为走得太远不仅日落之前没有返回来，还累死在半路上。这个年轻人因为没有自己的目标，所以他失败了。

成功者认为，制定一个明确的目标很重要，这个目标一定要根据自己的实际情况来定，而且不能定得太多，否则只会让人筋疲力尽。只有切合实际且通过努力可以实现的目标，才会成为激励人们前进的动力。

有的成功者一直将财富视为自己的目标，他们为了赚钱，经常会在办公室的门上高挂免扰牌，上面写着："免扰，我在挣钱！"这虽然只是成功者生活中的一个小细节，但足以说明他们为了实现目标，有多强的执行力，他们做任何事情都围绕着目标。他们甚至将时间精确到秒，即使与人交谈，也要限制在仅仅几分钟之内，因为时间就是金钱，盗窃他们的时间就是在偷他们的钱。

实际上，往往奋斗目标越鲜明、越具体，就越有益于成功。因为每个时刻，你都在计算着自己离目标还有多远，每实现一个目标，你就会更有信心地去迎接下一个挑战。所以成功者经常因实现自己的小目标而精神振奋，他们每天都在计算自己赚了多少钱，目标已经实现了多少，他们精神百倍地去完成自己每天制定的任务，就这样一步步地走向成功。

成功者的这些习惯是值得我们每个人学习的，只有制定目标的人才会使自己的人生活得精彩。没有目标的人就好像没有罗盘的船，不知道自己的人生航向在哪儿，到底哪里才能靠岸，只能四处乱划。有了目标的人，就会一往直前、心无旁骛地使自己到达成功的彼岸，就算最终无法实现自己的目标，人生也一定会无怨无悔。

摒弃外界干扰，专注于手头的事

成功者做事总是采取积极、主动的态度，这样不仅可以避免自己受到不必要的伤害，还可以主动创造有利于自己的环境。成功者认为，主动的人不会坐等命运的安排或贵人的相助，他们认为自己的幸福和成功都掌握在自己手中，这些东西都要靠自己争取，别人是给不了的，所以他们认为如果想占有主动，就要积极主动地做事。

现在社会上有很多人只是一味地空想自己究竟能有多优秀、有多成功，完全不知道自己再怎么想都不如实际行动来得实际。在公司中，老板喜欢那些会主动做事的员工，因为他们不会夸夸其谈、到处吹嘘自己，而是经常俯下身子默默地做着自己应做的事。只有积极主动做事的人才不会犯眼高手低的错误，他们不会让老板操心，是老板的得力助手，这样的人才更有机会获得老板的赏识，也更有机会得到老板的提拔。

某天，一家公司面试新人的时候，主考官将10个应聘者叫到办公室里，然后指着一个柜子说："请你们想办法将这个柜子搬出去，给你们三天的时间考虑。"所有人都觉得将这个柜子搬出去是不可能的，因为柜子是铁的，而且体积还挺大，这个柜子那么重，人怎么可能将它搬出去呢？三天以后，有9个人交了答卷，他们的想法也是五花八门，有的说用杠杆原理，有的说将柜子拆开……前9位应聘者都提出了自己的方案，只有第10个应聘者没交答卷。第10个应聘者是一个柔弱纤细的女孩子，只见她走进办公室，什么话也没说，直接走向柜子，一使劲就将柜子搬了起来，毫不费劲地将柜子搬了出去。所有的应聘者都惊呆了，原来"铁"柜子并不是用铁做成的，而是用泡沫做的，只是在表面镀上了一层铁。面试的主考官就是想用这种方式来考验应聘者的实际动手能力。

且不管这个故事是真是假，它向我们阐释了一个道理，那就是只有积极主动做事，才能将事情办妥。积极主动做事的人在面对各种困境的时候，会保持一颗永远积极上进的心，他们不会因为前景不可预知或险象环生，就将自己吓倒了。空想是解决不了问题的，一味地空想，根本就不切合实际，只有积极主动地调查实际情况，根据实际情况做出行动的计划，才能在最短的时间内解决问题。

现在的社会上有很多草根创业者，他们有一个好习惯就是积极主动地做事。他们在与客户、合伙人、投资人交往时始终是以积极主动的姿态出现的。他们积极主动地出击，即使遭遇挫折、磨难，也始终保持积极主动的习惯，因为他们相信，成功会属于他们。很多成功者之所以能成功，就是因为他们积极主动地做事，赢得了老板、客户的欣赏与器重，使他们有更多的机会获得成功。积极主动地做事不仅是他们富有活力的标志，也表示他们有一颗积极、乐观、向上的心。

遇到事情的时候，一定要记住，只有积极主动地做事，成功才会属于你。

点滴积累，成功是由做小事积累起来的

小事做好了就是一件大事；小事都做不好，大事又怎么能做好？这就是精明的人能够不断在事业上取得成功的原因之一。有些人总是抱着发大财的观念去挣钱，对赚小钱的工作不屑一顾，甚至看不起做小事的人，认为只有没出息的人才会从事这种没什么利益、没什么前途的小工作。

事实正好相反，很多成功人士都是从最低层一步步做起的，很少有一上来就能独立撑起一个大企业的人。一般的公司都是经过创业者的辛

勤打拼，才打下坚实的基础。

一个犹太人和一个英国人一起找工作，在他们行走的路上有一枚硬币，英国人连看也不看，直接走过去了，他认为自己是要挣大钱的人，这种小钱根本不值得自己弯腰去捡。犹太人看见以后，赶紧把钱捡了起来，他认为，只有积攒每一分钱，自己才能挣大钱。他们面试了一家小公司，英国人感觉自己在这里工作实在是太屈才了，所以没聊几句就匆匆地走了。而犹太人却不这样认为，他认为公司虽小，但是自己在这里也可以学到很多东西，不仅有技术，还有管理经验。他积极乐观地对待自己的这份工作，他的能力终于得到了老板的赏识，他的职位越来越高，工资也越来越高。而英国人面试了几家公司，总是觉得公司太小，工资不高，自己根本就不适合在这些小地方做这种小事，于是他不停地在各家公司奔波，却始终找不到适合自己的工作。两年后，两人在街上相遇，这时的犹太人已经是一家大公司的经理，而英国人还在找工作。

很多成功人士的成功都是通过自己艰苦的努力获得的。要想成就一番事业，就不能拒绝做小事。小事不仅能考验人的意志，还能磨炼人的耐力。在做小事的过程中，你会学到很多对自己有用的东西，这些都是你人生中的宝贵财富。做小事的人并不会一辈子做小事，即使是做小事，只要怀有做大事的决心，也会在未来的某一天成就属于自己的事业。万丈高楼平地起，枝繁叶茂缘根深。没有人能随随便便成功，只有勤于做小事的人才能在事业上不断取得突破。不勤于做小事、眼高手低的人，他们不愿意躬身于小事，因此他们会失去很多成功的机会。

成功是由做小事积累起来的，“勿以善小而不为，勿以恶小而为之”，小事做多了，就会成为大事。一心想做大事而不屑于做小事的人永远成不了大事。再大的事都是由一件件小事组成的，小事都不屑于做，那大事就更做不好了。将眼光放在以后要成就的大事上，踏实地做好眼前的小事，才能成就大事。

杜绝借口，别让借口成为自己的挡箭牌

杰出的人认为，借口永远是弱者的可怜宣言。在失败面前不要为自己找借口，否则，欺骗的只是自己。

我们在生活中经常会听到一些人抱怨：“这个工作太难了，所以才会……”“如果不是因为……”这些人一直在为自己没有完成工作找借口。很多人不明白找借口只是一种不负责任的表现。工作再困难、时间再短暂，你终究还是要将工作完成。与其花时间和精力找借口为自己开脱，不如静下心来，好好找一个能将问题尽快解决的可行办法。

前几年有一本畅销书叫作《致加西亚》。在这本书中，作者描写了一位名为罗文的中尉和发生在他身上的一段故事。1898年，为了从西班牙殖民者手中获得自由，古巴人民进行着浴血奋战。在此之前，美国将一支舰队停靠在哈瓦那海湾，密切关注着局势的变化。古巴虽小，但是牵涉着美国的诸多利益。狂妄的西班牙人把美国舰队击沉了，美国愤怒

了，他们要向西班牙宣战。为了取得和古巴人民的合作，美国总统写了一封信，需要派人把它交到古巴起义军首领加西亚将军手中。谁能完成这个任务？美国军事局局长瓦格纳向麦金莱总统建议，罗文中尉可以胜任。于是总统召见了罗文："你必须把信交给加西亚，他在古巴某个地方，你必须自主计划行动，独自完成任务。"罗文接到任务后，什么话也没有说，什么问题也没有问，只是把信仔细地装在上衣口袋里，转身走了出去。一段时间后，麦金莱总统再次见到罗文，并从他手中接过加西亚将军的信。罗文出色地完成了任务，并带回了重要的军事情报。

罗文遇事沉稳、果敢、坚毅，不为自己找任何借口，这就是他能成功的原因。什么样的员工才是世界上最优秀的员工，那就是——无论有多大的困难，无论有多少麻烦，无论在什么职位，都一直在寻找解决问题的办法，而不是一直在为自己找借口的人。

曾经有一个寓言故事。甲、乙两个裁缝在交班时，裁缝甲要把手中的针交给裁缝乙。突然，针掉到了地上，由于当时是晚上，灯光昏暗，很难寻找，这时甲、乙两人怎么办呢？可能会出现以下三种情况。

第一种：甲、乙两人开始为此争吵，他们一定要分辨出到底是谁的责任，然后由该负责任的人把针找到。

第二种：甲、乙两人二话不说，纷纷趴在地上开始找针。

第三种：甲、乙两人马上确定分工，一个在右边找，一个在左边找。

以上三种情况哪一种最有可能先找到针？

几乎所有的人都知道第三种情况能最快找到针。如果总是埋怨对方，总是为自己找借口，事情永远办不好。故事很简单，但是蕴涵的哲理却很深刻，如果两个人各自为自己开脱，“这与我没关系”“这不是我的责任”，那么只能让麻烦越变越大，根本就不能解决问题。找各种借口为自己开脱，只会欲盖弥彰。这样一来，就会给自己的老板留下不能按时完成任务、能力差的印象。长此以往，这种人在公司的地位就会越来越低，其他人也不愿意与这种老是找借口的人合作，他们害怕有一天，这种人也会将所有的责任都推到他们身上。

也有一些人在遇到问题的时候，不会想着找借口，而是尽快想到解决问题的办法，将问题尽快解决。这样的人责任心很强，他们对自己做不到的事不会找各种各样的借口，他们会真诚地说出自己为什么没能及时将问题解决，然后用各种办法在最短的时间内将问题解决。这样的人是不会轻易许诺的，如果真的许下什么诺言，他们一定会想尽各种办法实现诺言。

成功者信守自己的诺言，即使有什么问题没有解决，他们也不会费尽心思地去找各种借口为自己辩白，而是将所有的情绪都放下，先解决问题，因为他们知道，解决问题才是最关键的。

第 13 章　富贵险中求，冒险拼搏朝梦想进发

风险越高，人的情绪就越接近恐慌，要训练自己在重要关头可以处理恐慌，解开束缚，勇于成就自己的梦想。

缺乏冒险精神只会一事无成

作为创业者，如果没有冒险精神，就不可能成就一番事业。现实生活中，我们却经常因为缺乏冒险精神而最终一事无成。在我们身边，为什么有的人一生轰轰烈烈，有的人一生却平平淡淡，为什么有的人事业有成，有的人却碌碌无为。或许，有人会说，那些所谓的成功者有能力、运气好。其实，那些人之所以获得成功，其中一点在于他们敢于冒险。

现代社会激烈的生存竞争激发了人们的拼搏精神，也给他们提供了大把大把的机会。在成功者眼里，几乎可以说“遍地黄金”，他们的富有并未使他们过上自己所期待的轻闲生活，竞争的压力使他们步履匆匆。为了生存，他们不得不拼命工作，即便在巨大的压力面前，他们也能够表现得从容不迫，敢于冒险，有胆识，善于抓住每个可以成功的机会。

纵观古今，许多成功人士都是从小事业做起，甚至有许多企业家完全是靠摆地摊起家的。曾经，他们与我们一样普通，不过，他们怀揣着梦想，而且没有像大多数人一样畏首畏尾、思前想后。就算对自己所坚持的事情不是有百分之百的把握，但他们最终还是选择了冒险，正因为敢于冒险，才使他们打开了成功的大门。

敢于冒险，立即开始，也许时间长了，你会发现成功并不如想象中那么困难。正所谓“机不可失，失不再来”，每个人都听说过这句话，但不少人却是等机会溜走以后才如梦初醒。其实，上天对每个人都是公平的，主要在于我们是不是一个敢于冒险的人，如果你在机遇面前，总是犹犹豫豫，甚至不敢冒险，那么我们只能沦为失败者。所谓的成功者无一不是捕捉机遇、创造机遇的高手，而且他们习惯在风险中猎获机遇。

挣脱束缚，做事不能畏首畏尾

一个人要敢于挣脱束缚，让自己的思维和行动澎湃起来，这样才可以有效地成就自我。在生活中，我们一贯主张“谨慎做事”，这本来是一项很重要的做事准则。但是，凡事都有两面性，优点和缺点会互相转化。做事谨慎是好事，但是，如果一个人做事过于谨小慎微，就会使自己的胆子越来越小，眼睁睁地看着机会从面前大摇大摆地溜走。很多时候，需要挣脱内心的束缚，换句话说，就是做事时要有一股闯劲，不能畏首畏尾，这样才能成大事。

1921年夏天，年近39岁的富兰克林·罗斯福在海里游泳时突然双腿麻痹，后来经过诊断是患了脊髓灰质炎。这时，他已经是美国政府的参议员了，是政坛上的热门人物，遭到了疾病的打击，使他心灰意冷，打算退隐回到家乡。刚开始的时候，他一点都不能动，每天必须坐在轮椅上，但是，他讨厌别人整天把他抬上抬下，于是，到了晚上，他就一个人偷偷地练习怎么样上楼梯。经过一段时间的练习，他得意地告诉家人："我发明了一种上楼梯的方法，表演给你们看。"他先用手臂的力量把自己的身体支撑起来，慢慢挪到台阶上，再把双腿拖上去，就这样一个台阶一个台阶艰难地爬上了楼梯。母亲阻止儿子，说："你这样在地上拖来拖去，给别人看见了多难看。"富兰克林·罗斯福却断然地说："我必须面对自己的耻辱。"

即使遭遇了疾病的折磨，富兰克林·罗斯福也并没有给自己心里设限，反而鼓起勇气来直面自己，挑战命运，完全地接纳了自己。其实，无论是身体的缺陷还是生活中的困难与挫折，这都不是给心里设限的借口，更不是自暴自弃的理由。要敢于突破内心的束缚，释放自己最真实的内心。

唯有挣脱束缚，才能展翅飞翔。现实生活中，我们常常会模糊自己真实的内心，习惯于在心里给自己设限，产生一种挫败感，最后导致我们还没有翱翔于蓝天就落地了。如果我们习惯了自我设限，那么，我们的心就会失去向上生长的动力，只能在被束缚的范围里挣扎、无助。所以，不管我们遭遇了什么样的环境，都不要随意地否定自己，而要学会挣脱束缚自己的东西，开拓自己的思维和行动，我们应该明白，否定自己就意味着扼杀自己的潜力和欲望。

努力向前，奋起一搏

美国著名作家杜鲁门·卡波特说：“梦是心灵的思想，是我们的秘密真情。”梦想对于每个人来说，有一种巨大的魔力，能够不断地召唤着自己前进。无论自己的梦想是多么模糊，多么不可思议，我们都要听从心中梦想的召唤，紧紧跟随着它，坚持不懈地走下去，那么，梦想就会变成现实。然而，如果我们想要成就自己的梦想，就要努力向前，奋起一搏。

人生就是如此，只要你迈步，路就会在脚下延伸。只有启程，我们才会向心中的梦想靠近。无论你的梦想和目标是什么，这些都只是你成功的开始，更主要的是立即开始行动，向着梦想的方向，奋力拼搏，努力向前，从而实实在在地看到成功的希望。

实现梦想的最佳途径就是奋勇一搏。在实现梦想的过程中，并不是我们缺少能力，亦不是我们少了那份运气，而在于我们是否勇敢地拼搏，是否有决心去实现它。只要你迈步，路就会在脚下延伸。只有启程，我们才会向心中的梦想靠近。在距离梦想很远的地方，我们不应该停下来，也不应该放弃，而应该坚定自己的梦想，哪怕试一试也好，这样即便不能成功，但我们总算努力过。

有勇有谋，冒险不等于鲁莽

冒险会被许多人浅显地理解为“做一些自己平时不敢去做的事情”，或者“跟着别人去做一些大胆的事情”。难道这就是冒险精神吗？当然不是，冒险更需要智慧。当一个人在冒险拼搏的时候，更需要具备的是高度清醒的头脑，因为冒险不是冒傻气。所谓的冒险，是建立在一个初步完善的计划之上的，至少我们头脑里有一个大概的轮廓，这样我们在前进的道路上才有具体明确的方向，否则，我们就像是一只无头苍蝇，虽然拿出了勇气，却只做了一些毫无意义的事情。

美国金融大亨摩根年轻时便敢想敢做，颇富商业冒险和投机精神。有一次，他途经一个码头，偶然碰到一位巴西货船船长，情愿半价出售整船咖啡。摩根看价钱如此便宜，便毫不犹豫地决定买下这船咖啡。然后，他兴致勃勃地给他的公司发出电报，可公司的回电是：“不准擅用公司名义！立即撤销交易！”

摩根勃然大怒，不过他又觉得自己太冒险了，他工作的公司毕竟不是他家的。无奈之下，他只好求助于在外地的父亲，父亲同意他的做法。摩根大为振奋，索性放手大干一番，在巴西船长的引荐之下，他又买下了其他船上的咖啡。

摩根初出茅庐，做了如此一桩大买卖，不能说不是冒险。但上帝偏偏对他情有独钟，就在他买下这批咖啡不久，巴西便出现了严寒天气，一下子使咖啡大为减产。这样，咖啡的价格暴涨，摩根因此大赚了一笔。

初看摩根的做法，我们都以为他不仅是在冒险，而且几乎是孤注一掷，如果投资失败，那他将会败得很惨。但是，如果我们仔细推敲其行为背后的思想，就会发现摩根其实是有着自己的头脑的。他不是在冒傻气，而是在有一定的把握之后才选择冒险，这样一来，他的胜算就又多了几分。因此，看到这个故事，并不能以偏概全地表示摩根的成功应该归结于运气，更多的时候，他所依靠的是智慧。

千万不要把冒险当作一种游戏。有的人具备冒险精神，但他所谓的冒险就是说一些平时不敢说的话，做一些平时不敢做的事情。他们以为冒险就是这样，至于冒险的结果，他们是无从考虑的，他们只重视冒险本身带来的刺激感。其实，真正的冒险是具备一定根基的，它不是海市蜃楼，更不是想怎么样就怎么样，而是建立在具体、行之有效的方案之上的。比如，有的人在选择投资一个项目的时候，他会事先分析这个项目带来的弊端和益处，然后分析这两个不同的影响，最后在利大于弊的情况下，他们会选择放手一搏，这样一来，他们赢的机会就比较大；相反，在没有任何方案和计划的情况下，还是选择赌一把，那这样的赌博则显得有些傻气了。

保持自我，冒险但不迷失自我

在冒险拼搏的过程中，我们要善于保持自我，而不要在冒险中迷失自我。冒险，就好像台风或海啸，它伴随着风险一起到来，有的人一旦进入冒险的旅程就什么都忘记了，他们甚至会忘记自己冒险的最终目标是什么。在冒险拼搏的过程中，我们始终要坚持自己的目标，不随意更改自己的意见，不随波逐流，这样我们才能在拼搏的过程中有所收获。

约瑟夫·摩根就是靠冒险发家的。最初，他开了一家小小的咖啡馆，积累了一定资金后，又开了一家大旅馆，既炒股票又参与保险业。一次，纽约发生大火，损失惨重。保险投资者惊惶失措，纷纷要求放弃自己的股份以求不再负担火灾保险费。约瑟夫横下心买下了全部股份，然后，他把投保手续费大大提高。他还清了纽约大火赔偿金，信誉倍增，尽管他增加了投保手续费，投保者还是纷至沓来。这次火灾，反而使约瑟夫净赚15万美金。就是这些钱，奠定了摩根家族的基业。

此后的100多年间，摩根家族的后代都秉承了先祖的遗传，不断地冒险，不断地投机，不断地积累财富，终于打造了一个强大的摩根帝国。

约瑟夫·摩根虽然凭借冒险发家，但在冒险拼搏的过程中，他并没有迷失自己。当保险投资失败后，摩根没有泄气，而是秉承冒险家的精神，买下了全部股份，然后他把投保手续费大大提高，而且，在冒险中一贯坚持的诚信，他一直保持着，从来没有改变。在还清了纽约大火赔偿金以后，信誉倍增，即便他增加了投保的手续费，投保的人还是纷至沓来。然而，正是摩根在冒险中所保持的自我品质，使得他奠定了摩根家族的基业。

1975年初春的一天，美国亚默尔肉食加工公司的老板正躺在沙发上看报纸，突然，一则短讯让他双眼圆睁："墨西哥将流行瘟疫"。

这位老板立刻推测，如果墨西哥有瘟疫，必定从加利福尼亚和德克萨斯两州传入美国，而这两州又是美国肉食供应的主要基地。这两地一旦瘟疫盛行，那么全国肉类供应必定紧张。于是，在证实了这个消息的可靠性之后，他倾囊购买德克萨斯州和加利福尼亚的生猪和牛肉，并及时运往美国东部。

不出所料，从墨西哥传来的瘟疫蔓延美国西部几个州。美国政府立即严禁这些州的食品外运。于是美国全境一时肉类价格暴涨且肉类奇缺。亚默尔肉食加工公司数月内净赚900万美元，一时占尽风光。

案例中，当美国亚默尔肉食加工公司的老板收到短讯之后，他所产生的大胆推测是正确的，然后他决定冒险尝试。在这个过程中，他一直坚持自己的既定目标，不更改、不迷失，紧紧地抓住这个机会，终于，在冒险中逮住机会大赚了一笔。

绝对保持自我，冒险但不迷失自我。在冒险的过程中，会遭遇这样或那样的情况，都是不可预料的，有可能是挫折，有可能是诱惑，但不管环境变成什么样，只要我们决策的大方向是正确的，我们就要坚持下去，而不是在犹豫中迷失自己，最终错过良机。

第 14 章　永不放弃，成功需要我们再坚持一秒

永远不要放弃自己的梦想，要学会在忍耐与坚持中迎接苦尽甘来，或许，成功是看不见的，但也许你再坚持一秒成功就来了。对于梦想，放弃很容易，但成功却需要饱经磨难的坚持。

在成功之前，忍耐就是力量

忍耐，并不是甘于现状，或者说做事只有三分钟的热情，它更是一种厚积薄发的耐力。那些不善于忍耐的人，等不到雨后的彩虹。有人问著名的组织学家聂弗梅瓦基，为什么一生都在研究蠕虫的构造，聂弗梅瓦基回答说："你可知道，蠕虫这么长，而人生却这么短。"的确，一个人的生命是有限的，而科学研究是无止境的。简而言之，如果你想获得任何一项事业的成功，就必须持之以恒，甚至付出毕生心血，对于成功而言，忍耐就是力量。

著名数学家高斯从小就勤奋好学，很早就显示出超人的数学才能。有一次，父亲正在计算账目，小高斯安静地站在旁边看，当父亲自以为算得很对的时候，小高斯却认真地说："爸爸，您算错了，应该是……"父亲检验了一遍，发现高斯说的是正确的。

高斯7岁那年，父亲送他到附近的学校读书，在学校里，高斯是班里最小的学生，但因其数学成绩最好，因而经常受到老师的表扬。高斯十分刻苦，他明白，要想更好地学好数学，自己必须付出更多的努力和汗水。白天在学校里，除了上课时专心听讲外，他还尽可能地利用课余时间钻研数学，阅读了许多数学的著作。晚上，他将一个大萝卜挖去了心，塞进一块油脂，插上一根灯芯，就做了一盏小油灯。他一个人躲在顶楼上，在微弱的灯光下，专心致志地看书学习，直到深夜才睡。虽然，这样的学习过程是极其痛苦的，但高斯还是依靠强劲的毅力忍了过来。

在上学期间，高斯写了许多“数学日记”，记录了他在解题时的新发现和巧妙的解法。18岁那年，他成功地解决了当时自希腊数学家欧几里德以来两千多年一直悬而未决的数学难题，轰动了整个数学界。

有人曾问高斯：“你为什么在科学上能有那么多的发现？”高斯回答说：“假如别人和我一样专心和持久地思考数学真理，他也会做出同样的发现。”

高斯成功的秘诀就是“专心致志，持之以恒”，他研究数学，总是坚持到底，忍耐枯燥而漫长的过程。对他本人而言，他最反对的就是做事半途而废。当他在对一些重要的定理进行证明的时候，总是寻找多种解决、证明的方法，并从中发现最简单和最有力的证明。当然，因为高斯如此持之以恒地钻研数学，为科学事业的发展做出了卓越的贡献。

只有忍耐了漫长而枯燥的旅程，我们才能达到成功的顶峰。那些不能经受住风吹雨打的人，注定等不到雨后的彩虹。生活中，成功并不是简单的，它总是凝聚了泪水与艰辛，如果你缺乏一定的忍耐力，那将注定与成功擦肩而过。因为不善于忍耐的人，也无法看到雨后的彩虹。

忍耐枯燥与痛苦，再坚持一秒就是成功

请享受无法回避的痛苦，比别人更早、更勤奋地努力，才能尝到成功的滋味。也许，你再坚持一秒，成功就来了。与河流一样，人生只有经历了洗涤才会更美丽，经过了枯燥与痛苦，才能收获成功的果实。因此，我们可以说，忍耐枯燥与痛苦是成功的必经之路。人生不可能是一帆风顺的，总是会有这样或那样的挫折与困难，在这个过程中，就需要我们去忍耐在战胜挫折过程中的枯燥与痛苦，甚至是失败。这一切都需要忍耐，如果没有坚强的意志力，就难以忍受，最后就不能获得成功。如果你想赢得成功，就不得不忍耐这路程中的枯燥与痛苦、失败与辛酸，在忍耐之后继续奋斗，这样你才有力气走到最后，才能走上通往成功的路途。

有个年轻人刚从学校毕业，来到一家杂志社应聘，等他赶到杂志社的时候，那里已经挤满了前来找工作的人。过了一会儿，走过来一个人，他自称是杂志社人事处的工作人员，给所有应聘的人每个人发了一份简历表，大家纷纷掏出笔，趴在走廊的椅子上填表。接着，那个人事处的工作人员领着大家走进了一间办公室，说道："主任现在正在开会，请大家在这里耐心地等待他来面试。"大家等待着，一个小时过去了，那个主任没有出现，又一个小时过去了，有的人已经开始烦躁不安，几个人在屋子里走来走去，嘴里小声嘟囔着什么，年轻人的心情也

开始变得烦躁起来。

眼看快到中午了，有人开始忍不住了，他们收拾东西出门了，而且将门摔得特别响。年轻人也开始不耐烦了，也想跟其他人一样走掉，但他转念一想，自己等了那么久，什么也没等到，那就再等等吧。到了12点，人几乎都走光了，只剩下这个年轻人和一个坐在他对面的人，那个人看上去很精干，但与年轻人不同的是，他坐得很舒适。

年轻人忍不住问："你是来应聘什么职位的？"那个人扭过来看了一眼年轻人，漫不经心地回答说："我不是来应聘的。"年轻人惊讶极了："那你在这里等了一上午做什么呢？"那个人没有回答年轻人的问题，而是提出了一个问题："你觉得在报社工作需要具备什么样的条件呢？"年轻人想了想，回答说："细心，当然，还有一点也很重要，就是耐心。"听了年轻人的话，那个人脸上露出了笑容，说道："恭喜你，你被录取了。"年轻人这才明白，原来这位精干的人就是主任，也就是这次面试的主考官。

案例中，为什么那个年轻人能被成功录取？原因很简单，在于他懂得忍耐。或许，等待的过程是漫长而痛苦的，但他总是不断地告诫自己：也许再坚持一秒就可以成功了。这样不断地鼓励自己，最后他就真的成功了。

如果经不起挫折，忍受不了挫折带来的痛苦与失败，我们就将沉没在毫无希望的生活里，永远没有前进的方向。凡事能成大事者，他们必须耐得住痛苦，忍受得了失败的打击，因为成功需要风雨的洗礼。天将降大任于斯人也，必先苦其心志，劳其筋骨，饿其体肤，空乏其身，行拂乱其所为，所以动心忍性，曾益其所不能。追寻成功的路途是艰辛的，更是漫长的，但是请不要着急，也许，你再坚持一秒成功就来了。

不轻易承诺，一旦承诺就要兑现

不要轻易承诺，一旦承诺就要兑现。生活中，有些人对于自己毫无把握的事情总是轻易承诺，却无法兑现诺言，令人失望。其实，在很多时候，如果你真的有把握办成这件事情，根本不需要信誓旦旦地过分张扬，人们所看重的是你的行动，而不是你的信口开河。在现实生活中，许多人一副死猪不怕开水烫的样子，面对做不到的事情，总是夸口应承下来；面对可以做到的事情，却像一只蚂蚁一样小心地爬走。当然，承诺自己能办到的事情自然是可以的，可是，如果把一些自己根本办不到的事情也应承了下来，到最后，吃亏的只能是自己。

杰克是一家外贸公司的地区市场负责人，他一直想解决分公司的销售问题，于是就抓住每一个机会向销售部门提出种种计划。当他每一次出差到总公司时，就向销售科长说：“我那边的产品A销售量增加，要求增加该产品的供应量。”“目前我那边产品B销售量不佳，应该减少货源”“顾客普遍要求送货上门，我们是否考虑开办这项业务，方便顾客也能保持客源。”等每一次他提出这些问题时，销售科长都会回答他说：“是这样啊！知道了，我可以考虑一下。”或者说“我可以和上司商量一下，以后再说好了。”每次都是这样，总是无法给他一个明确的答复。

一转眼两个月过去了，而自己申请中提到的那些事还是一点变化也没有。杰克想尽各种办法，通过厂长向总公司的常务董事提出报告。常务董事听后说：“原来是这样，我晓得了。我会好好安排，让销售科长去办妥此事。”杰克从常务董事处听到此消息后，非常高兴，以为销售问题马上可以解决了，于是就向员工和顾客承诺：问题很快会解决，这只是时间问题。

又过了三个月，还是一点动静也没有，到了第六个月，才有了小的销售变动，不过，只是些表面的工作而已。至此，下属和顾客开始对杰克越来越不信任了。

虽然，杰克确实做了很大的努力，但是下属和顾客仍不免觉得他对自己失信了。当然，错误并不在于杰克本身，但由于他急于解决问题，做事欠稳妥，最后，白白惹来一些非议。很多时候，当我们听到别人的请求时，以为事情很容易解决，于是就一口应了下来，而不详细考虑清楚事情。最后，由于情况突然地变化，或者自己判断错误了，而导致事情迟迟不能解决，这样就会失信于人。许诺很容易，兑现却很难。

不要轻易许下诺言，一旦自己开了口，就要兑现诺言。《管子·形势》中说：“圣人之诺已也，先论其理义，计其可否。义则诺，不义则已；可则诺，不可则已。”意思是说，聪明的人在给别人许诺之前，都需要经过深思熟虑，对那种有违道德标准，或者自己把握不大，根本没有能力办成的事情，一概不能答应。否则，既会令自己头疼，他人会心生不满，而且，自己还落了个“失信”的下场，这样，谁还能信任你呢？正所谓“践行其言而人不信者有矣，未有不践言而人信之者”。

坚持下去，总会散发你的光芒

你是一颗金子，不管在哪里都会发光。所谓“真金不怕火炼”，在经历了许多的磨炼之后，金子会褪下朴素的外表而呈现出金光闪闪的一面。在生活中，每个人都有自己特定的优点和缺点，“天生我材必有用”，只要找准自己的位置，长久地坚持下去，每个人都会发光。生活中，许多人总是郁郁不得志，不是他们不够优秀，而是他们没有足够的耐心，在漫长的磨砺过程中，他们丧失了太多的信心，没能坚持下去，结果在成功到来之前就选择了放弃。

许多年前，一位颇有分量的女性到美国罗纳州的一个学院给学生发表讲话。虽然，这个学院规模并不是很大，但这位女性的到来，使得本来就不大的礼堂挤满了兴高采烈的学生，学生们都为有机会聆听这位大人物的演讲而兴奋不已。

经过州长的简单介绍，演讲者走到麦克风前，眼光对着下面的学生们，左右扫视了一遍，然后开口说：“我的生母是聋子，我不知道自己的父亲是谁，也不知道他是否还活在人间，我这辈子所拿到的第一份工作是到棉花田里做事。”

台下的学生们都呆住了，那位看上去很慈善的女人继续说：“如果情况不尽如人意，我们总可以想办法加以改变。一个人若想改变眼前不幸或无法尽如人意的情况，只需要回答这样一个简单的问题。”接着，她以坚定的语气接着说：“那就是我希望情况变成什么样，然后全身心投入，朝理想目标前进即可。”说完，她的脸上绽放出美丽的笑容：“我的名字叫阿济·泰勒摩尔顿，今天我以唯一一位美国女财政部部长的身份站在这里。”顿时，整个礼堂爆发出热烈的掌声。

阿济·泰勒摩尔顿是一位女性，一位生母是聋子、不知道亲生父亲是谁的女性，一位没有任何依靠饱受生活磨难的女性，而恰恰是这位表面柔弱的女性，竟成为了美国唯一一位女财政部部长。说到自己的成功，她只是轻描淡写地说：“我希望情况变成什么样，然后就全身心投入，朝理想目标前进即可。”这句看似平淡的话语中，透露出她作为一个女性的忍耐精神。我们甚至可以假设，如果没有忍耐、执着的品质，阿济·泰勒摩尔顿能与苦难的生活抗争吗，她能忍受那些逆境中的枯燥与痛苦吗？如果缺乏了忍耐的精神，她能实现自己的人生理想吗？是的，正是有了忍耐的品质，阿济·泰勒摩尔顿实现了自己的梦想。

朝着一个方向不断地坚持，总有一天你会成功。就好像炼金一样，这个过程是异常痛苦而枯燥的，不过，只要你坚信自己是一颗金子，并且努力地坚持下去，总有一天，你就会像金子一样闪闪发光。

参考文献

[1]左岸.将来的我一定会感谢现在拼命的自己[M].北京：中国华侨出版社，2015.

[2]木子玲.我从来不信，这世间会无路可走[M].苏州：古吴轩出版社，2015.

[3]刘仕祥.在最能吃苦的年纪，遇见拼命努力的自己[M].深圳：海天出版社，2016.

[4]汤木.你的努力，终将成就无可替代的自己[M].南昌：百花洲文艺出版社，2015.

[5]萧萧.你若不勇敢，谁替你坚强[M].北京：北京时代华文书局有限公司，2013.